JN217773

進化計算アルゴリズム入門

Evolutionary Computation Algorithm

生物の行動科学から導く最適解

大谷 紀子
（著）

まえがき

「最近は進化計算アルゴリズムの応用に取り組んでいます」と言うと「コンピュータが進化するんですか．すごいですね！」と驚かれます．また，「この処理に使っているのは遺伝的アルゴリズムの一種の…」と言うと「遺伝？生物がご専門だったんですか！」と誤解されます．こんなことにはすっかり慣れてしまいましたが，有用で興味深い進化計算アルゴリズムを一人でも多くの方に知っていただきたいという思いを込めて，本書を執筆いたしました．

進化計算アルゴリズムのライブラリはいくつも公開されていますので，ちょっと試しに進化計算アルゴリズムで問題を解いてみることはそれほど難しくはありません．しかし，いろいろな問題に適用していくうちに，進化計算アルゴリズムの考え方や仕組みを理解したい，一から自分でプログラムを組んでみたい，と思うこともあるでしょう．本書では，そのような方に向けて，アルゴリズムの考案のベースとなった生物の行動などとともに，各アルゴリズムの概要を解説しました．アントコロニー最適化は少し特色の異なるアルゴリズムですが，それ以外のアルゴリズムは遺伝的アルゴリズムとの類似点が多いため，最初に遺伝的アルゴリズムを理解し，残りのアルゴリズムは遺伝的アルゴリズムと対比しながら読み進めることで，より理解が進むと思います．

また，プログラムを書き始める際の参考にしていただくために，C++ で書かれた簡単なサンプルプログラムも掲載いたしました．遺伝的アルゴリズムはフロイド問題，アントコロニー最適化は最短経路問題，その他のアルゴリズムは重回帰式の導出を対象としています．各アルゴリズムの概要の把握，およびアルゴリズム間の相違点の理解を促進するために，クラスの構成などはできるだけ共通にし，細かい点は簡略化して記述しました．人工蜂コロニーアルゴリズムのプログラムは遺伝的アルゴリズムのプログラムと対比し，他のアルゴリズムのプログラムは人工蜂コロニーアルゴリズムのプログラムと対比して，コードを追っていただければと思います．皆様が進化計算アルゴリズムの世界に足を踏み入れる際，本書が少しでもお役に立てると幸いです．

本書の執筆にあたっては，東京都市大学の北村亘先生をはじめ，同僚の先生方に多大なるご協力を賜りました．この場を借りてお礼申し上げます．ありがとう

ございました．また，本書執筆の機会を与えてくださいましたオーム社の皆様に心より感謝申し上げます

2018 年 5 月

大　谷　紀　子

目 次

第 1 章

最適化問題と進化計算アルゴリズム

1.1 最適化問題

小学校の遠足では，普段学校では食べられないお菓子をお友達と一緒に食べるのも楽しみのひとつではなかったでしょうか．先生に「おやつは 300 円まで」などと金額の上限を指定されることもありますが，上限額の 300 円を握りしめてお菓子を買いに行くのもわくわくするイベントです．しかし，買い物に行った先では「どのお菓子を買うか」というとても難しい問題が待ち受けています．たくさんの種類のお菓子が並ぶ棚を前に，合計金額が上限額を超えない範囲で自分の好きなお菓子をいかにたくさん買うかを考えなければなりません．自分の好みだけでなく，お友達に分けやすい，お友達が持ってくるお菓子とかぶらない，というようなことも重要になるかもしれませんので，お菓子を選ぶ基準は総合的な満足度といえるでしょうか．

図 1.1　遠足のお菓子選び

遠足のお菓子選び問題のように，たくさんの候補のうち，与えられた制約条件を満たし，ある基準で最も良いと判断されるものを解とする問題を**最適化問題**（optimization problem）と呼びます．なかでも解が組合せや順列で表される最適化問題を**組合せ最適化問題**（combinatorial optimization problem）といいます．最適化問題において，解の良さを数値で表現するための関数を**目的関数**（objective function），最も良い解を**最適解**（optimal solution）と呼びます．目的関数は問題の特性や目的に応じて定める必要があり，目的関数の値が大きいほど良い解を表す場合もあれば，小さいほど良いとする場合もあります．複数の解候補の中から，制約条件を満たし，目的関数の値が最大，あるいは最小となるような最適解を探すことが「最適化問題を解く」ということになります．

遠足のお菓子選び問題では，以下の制約条件を満たし，目的関数の値が最大となるようなお菓子の組合せが最適解となります．

- 制約条件：(買うお菓子の合計金額) ≦ (指定された上限額)
- 目的関数の値：買うお菓子の組合せの満足度

ただし，お菓子の組合せの満足度を数値化するのは難しいので，目的関数の定義に工夫が必要です．

解が組合せの形で表される組合せ最適化問題の代表例に**ナップサック問題**(knapsack problem) があります．

ナップサック問題

複数の品物からいくつかを選んでナップサックに詰めるとき，詰めた品物の価値の和が最大となるような品物の組合せを求めよ．ただし，各品物の体積と価値，およびナップサックの容積は与えられているものとし，ナップサックの容積を超えて品物を詰めることはできない．

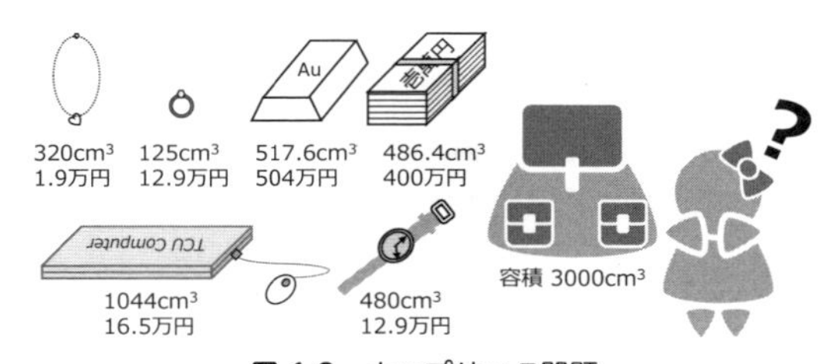

図 1.2　ナップサック問題

ナップサック問題では，以下の制約条件を満たし，目的関数の値が最大となるような品物の組合せが最適解となります．

- 制約条件：(ナップサックに詰める品物の体積の和) ≦ (ナップサックの容積)
- 目的関数の値：ナップサックに詰める品物の価値の和

また，Robert W. Floyd により，**フロイド問題**という組合せ最適化問題の例題が提供されています．

フロイド問題

$\sqrt{1}$，$\sqrt{2}$，$\cdots$，$\sqrt{50}$ を 2 つの集合に分けるとき，集合の要素の和が最も近くなるような 2 つの集合を 10 秒以内に求めよ．

最適解探索の方法を検討するための例題ということで，最適解を求めるまでの制限時間が与えられていますが，その点を除くとナップサック問題と似たような組合せ最適化問題です．2 つの集合をそれぞれ集合 A と集合 B とすると，フロイド問題の制約条件と目的関数の値は以下のようになります．

- 制約条件：50 個の数がそれぞれいずれかの集合の要素となること
- 目的関数の値：$|$(集合 A の要素の和) $-$ (集合 B の要素の和)$|$

目的関数の値が最小となる集合の作り方が最適解となりますが，集合 A と集合 B の要素を入れ替えても目的関数の値は等しくなるので，最適解は 2 つ存在します．

解が順列の形で表される組合せ最適化問題の代表例としては，**巡回セールスマン問題**（travelling salesman problem: TSP）が挙げられます．

巡回セールスマン問題

セールスマンが営業所を出発し，営業対象であるすべての都市を 1 回ずつ訪問してから営業所に戻るとき，総移動コストが最小となるような巡回順を求めよ．ただし，すべての都市間の移動コストは与えられているものとする．

巡回セールスマン問題では，以下の制約条件を満たし，目的関数の値が最小となるような巡回順が最適解となります．

- 制約条件：すべての都市を訪問すること
- 目的関数の値：総移動コスト

この他にも，私たちが日頃直面している問題の中には，組合せ最適化問題といえる問題がたくさんあります．例えば，複数のお店での買い物をするときに最も

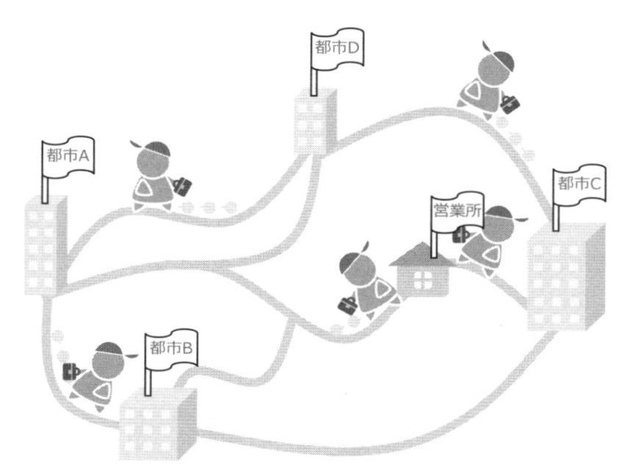

図 1.3　巡回セールスマン問題

効率の良いまわり方を決める，重量制限を考慮してスーツケースに詰める品物を決める，食事制限のある人向けの栄養価の高い献立を作成する，従業員の都合や公平感が考慮された勤務シフトを作成する，などです．

1.2　解候補数による難易度

最適化問題は制約条件と目的関数が決められると，目標が明確に定まりますが，探索範囲が広く，解候補の数が多いと，最適解の探索が非常に難しくなります．ここで，遠足のお菓子選び問題の解候補の数を求めてみましょう．スーパーのお菓子コーナーに並んでいる 100 種類のお菓子から任意個のお菓子を選んで買う場合を考えます．同じ種類のお菓子は 2 個以上買わない，すなわち多くても 1 個しか買わないとすると，100 個のお菓子のそれぞれに対して「買う」か「買わない」かの 2 通りの選択肢があるので，買うお菓子の組合せの数は式 (1.1) のようになります．

$$2^{100} = 1,267,650,600,228,229,401,496,703,205,376 \tag{1.1}$$

約 1.2×10^{30} 通りの買い方があるということです．同じ種類のお菓子を 2 個以上買ってもよいことにすると，お菓子の組合せはさらに増えます．大半の組合せは合計金額が指定された上限額を超えるので制約条件を満たすことはありませんが，膨大な組合せから制約条件を満たす組合せを探し出し，さらにその中で最も良い組合せを見つけるのはたいへんな作業だということがわかります．

それでは，ナップサック問題やフロイド問題，巡回セールスマン問題ではどうでしょうか．ナップサック問題は，遠足のお菓子選び問題においてお菓子を品物，お菓子の金額を品物の体積，お菓子の好みを品物の価値，買うという行為をナップサックに詰めるという行為にした問題といえますので，品物が N 個与えられたときの解候補の数は 2^N です．式 (1.1) より，$N = 100$ のとき解候補は約 1.2×10^{30} 個あるということになります．

フロイド問題も 50 個の数のそれぞれに対してどちらの集合の要素になるかという 2 通りの選択肢があるので，集合の作り方は 2^{50} 通りありますが，この中には同じ集合の組が 2 つずつ含まれているので，解候補の数は $2^{50} \div 2 = 2^{49}$ 個となります．

また，巡回セールスマン問題で都市数を N とすると，解候補の数は N 個のものを並べる順列の数なので $N!$ となります．$N = 100$ のとき約 9.3×10^{157} 通りの巡回順があることになりますので，ナップサック問題よりも難しい問題といえます．

以上のように，組合せ最適化問題の解候補の数は膨大であることが多く，その中から最も良い解を探さなくてはならないので，最適化問題の難易度は解候補の数に依存するといえます．

1.3 最適解探索の手法

最適化問題を解く際には，すべての解候補に関して，制約条件を満たしているか，満たしている場合は目的関数の値がいくつになるかを調べ，最適解を決定する，という全探索が最も着実な方法といえるでしょう．しかし，解候補の数を考慮すると，たとえ高速コンピュータを使って探索したとしても，とてつもない時間がかかってしまいます．遠足のお菓子選び問題のように，1 個で上限額を超えるようなお菓子を含む組合せや，ものすごくたくさんのお菓子を含む組合せなど，明らかに制約条件を満たさない解候補がわかりやすい場合には，探索範囲を狭めて効率化を図ることもできますが，残りの解候補から正確に最適解を見つける作業も簡単とはいえません．

全探索の代替手法の１つに**山登り法**（hill climbing）があります．一面が芝生で覆われた小高い丘にハイキングに行ったときの情景を思い浮かべてください．今，丘の中腹に立っていて，丘の頂上でお弁当を食べようと思ったら，どちらの方向に進みますか？自分の足元をぐるっと見渡して，高いほうに一歩進むのではないでしょうか．そしてまた足元をぐるっと見渡して高いほうに一歩，またさらに一歩，と繰り返していくと，いつか頂上にたどり着くはずです．これと同じような方法で最適解を探すのが山登り法です．それまでに見つけた最も良い解の一部を少しだけ変更して，どこを変更するとさらに良い解になるかを調べます．より良い解が見つからなくなるまでこの作業を繰り返すことで，最適解を得ることができます．

ところが，山登り法で見つけられるのは局所的にみると最も良い**局所最適解**（local optimal solution）であり，真の最適解である保証はありません．丘を登り切ってふと横を見たら隣の丘のほうが高かった，ということもあるでしょう．このとき，自分がいる場所が局所最適解，最も高い丘の頂上が最適解に相当します．山登り法では全探索よりも効率的に良い解を見つけることができますが，得られる解は局所最適解である可能性があります．

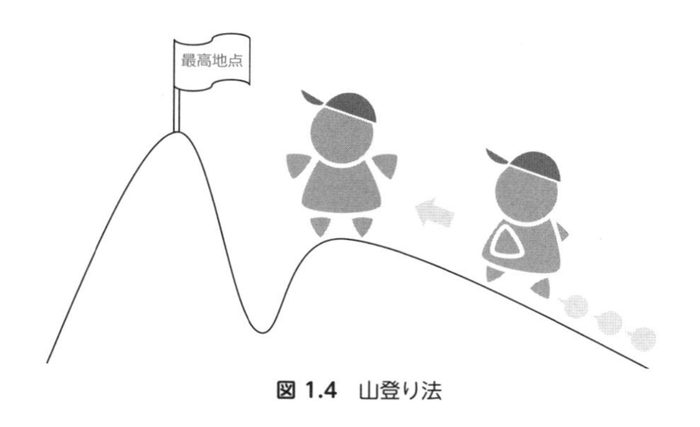

図 1.4　山登り法

以上より，全探索には処理時間が膨大になる，山登り法には探索範囲全体から最適解を探せない，というデメリットがあるといえます．いくら正確な解が得られるとはいえ，許容できないほどの時間がかかるようでは実用的とはいえません．あまり時間をかけずに解が得られるとしても，局所最適解である可能性が高いなら，できるだけ良い解が欲しいという要望を満たしているとはいえません．真の最適解である保証はなくても，可能な限り良い解が許容範囲内の処理時間で得られるならば，それが一番実用的といえるでしょう．

1.4 進化計算アルゴリズム

最適解が得られる保証はないけれども，比較的短時間で最適解に近い解が得られる最適化問題の解法を**ヒューリスティックアルゴリズム**（heuristic algorithm）といいます．なかでも，特定の問題のみを対象とするのではなく，さまざまな最適化問題を効率よく解く汎用的な手法を**メタヒューリスティックアルゴリズム**（metaheuristic algorithm）と呼びます．これまでにいくつものメタヒューリスティックアルゴリズムが提案されてきましたが，その多くが生物の進化や行動，物理現象などにヒントを得ています．

地球上の生物は，それぞれの生息域に特有の環境や，時間とともに変化する環境に適応するように進化を続けています．現在の生態系は，現在の環境に適応するように進化を遂げた結果です．これは，各生物が「動的な環境に適応する」という困難な問題を解決すべく世代交代を繰り返し，解として現在の生態系を得たということができるでしょう．このような生物の進化過程にヒントを得た最適解探索アルゴリズムが**進化計算アルゴリズム**（evolutionary computation algorithm）です．

各生物は餌などの目標物を見つけるために個々の特性や置かれた状況を生かした工夫をしていますが，その方法はいずれも非常に興味深く，私たちが最適化問題を解く際のヒントになる点が多く見られます．また，ヒトの行動や物理現象などにも参考にすべき点が散見されます．これらをモデル化したさまざまなメタヒューリスティックアルゴリズムが提案されており，生物の進化過程を模倣したアルゴリズムとの共通点が多いことから，進化計算アルゴリズムの一種に分類されることもあります．

以降の章では，許容範囲内の処理時間で真の最適解に近い値が得られる最適解探索手法として，さまざまなメタヒューリスティックアルゴリズムを紹介していきます．

第2章

遺伝的アルゴリズム

2.1 生物の進化

日本の水族館や動物園でもいろいろな種類のペンギンを見ることができますが，1 m を超える大きさのコウテイペンギン，目元の白い羽根が愛らしいジェンツーペンギン，飾り羽根とぴょんぴょん跳ぶ姿が特徴のイワトビペンギンなど，南半球の各地に 18 種類のペンギンが生息しています[注1]．ペンギンが最初に出現したのはニュージーランドで，偏西風流によって南アメリカや南アフリカ，南極大陸などにたどり着いたといわれており，それぞれ環境に適応するように進化したことから，環境の異なる地域には異なる種のペンギンが生息するようになりました．例えば，寒さの厳しい南極大陸で生活するコウテイペンギンは他種より脂肪が厚く，赤道直下のガラパゴス諸島にのみ生息するガラパゴスペンギンは，強い輻射熱と冷たい海水から身を守るため年に 2 回換羽します．

ペンギン以外の生物も，生物はみな環境に適応するように進化を続けています．生物の**個体**（individual）のさまざまな性質は**遺伝子**（gene）によって決まります．有性生殖を行う生物では，親となる 2 個体の**染色体**（chromosome）における**交叉**[注2]（crossover）で遺伝子が子個体に受け継がれます．2 個体の特徴の一部がそれぞれ子に継承されますが，環境に適応している個体同士をかけ合わせることで，環境により適応可能な子が生まれる確率が高くなると考えられます．動物のオスがメスをめぐって戦い，勝ったほうがメスにアプローチする，という場面がテレビの動物番組などで取り上げられることがありますが，この行動は環境適応能力の高い個体の遺伝子を次世代に残そうとする動物の本能の表れなのかもしれません．環境に適応している個体ほど次世代に遺伝子を残しやすいという方針で世代交代を繰り返していくと，その種の**個体群**（population）内では環境により適応できる個体が繁栄していきます．

交叉により子は親の遺伝子を受け継ぎますが，**突然変異**（mutation）が起こることでいずれの親も持っていない遺伝子を子が持つこともあり，親よりも格段に環境適応能力の高い個体になる可能性もあります．逆に，突然変異により親から

注1　ごく一部，北半球にも生息しています．分類については諸説あります．
注2　乗換えともいいます．

受け継いだ望ましい遺伝子が変化して，親よりも環境適応能力の低い子が生まれることもあります．

子の環境適応能力は，突然変異のほか，どの 2 個体が親であるか，交叉によりどの遺伝子を受け継ぐかなどにも左右されます．環境に適応できない個体が生まれることもありますが，他の個体よりも劣る個体が次の世代に遺伝子を残す確率は低いので，そのような個体の特徴は受け継がれにくくなります．

2.2 解表現と基本アルゴリズム

遺伝的アルゴリズム（genetic algorithm: **GA**）は John Henry Holland により提案された最適解探索アルゴリズムであり，生物の進化メカニズムを模倣して最適解を探索する点が特徴です．生物の進化を模倣，すなわち生物の進化からヒントを得たということですから，生物の進化過程のシミュレーションではありません．最適解の探索に効果が見込める特徴のみを取り出し，処理を簡単にするために一部は単純化したり，変更したりしてモデル化します．遺伝的アルゴリズムのモデル化では，有性生殖をする生物の進化過程のうち，以下の点に着目します．

- 環境に適応できる個体ほど次世代に自分の遺伝子を残せる．
- 2 個体の交叉により子を作る．
- ときどき突然変異が起こる．

環境に適応できる個体ほど次世代に自分の遺伝子を残せるといっても，環境適応能力の低い個体がまったく遺伝子を残せないわけではありません．チンアナゴのオスは，メスをめぐる戦いに敗れてもカップルのそばに潜み，勝者であるオスの放精に紛れて自分も放精することで，遺伝子を次世代に残します．

子個体はオスとメスから遺伝子を受け継ぎます．また，実際には世代ごとに個体数は変動しますが，以下のように単純化します．

1. すべての個体が一斉に世代交代する．
2. 各個体の雌雄は考えない．
3. 個体群に属する個体の数は変動しない．

遺伝的アルゴリズムでは，問題に対する解を個体の染色体，解の構成要素を遺伝子として表現し，複数の個体を進化させてより環境に適応できる個体を見つけることで，最適解を導きます．生物の各個体の形質や遺伝情報は遺伝子により決まるので，遺伝的アルゴリズムでは解に関する情報を示す値を遺伝子と呼び，遺伝子に相当する値が複数並んでいるものを染色体と呼びます．問題の解が N 個の値からなるとき，染色体は N 次元ベクトルとして表すことができます．個体 I_i の遺伝子が x_1^i，x_2^i，・・，x_N^i であるとき，染色体 $\overrightarrow{x_i}$ は式 (2.1) のようになります．

$$\overrightarrow{x_i} = \begin{pmatrix} x_1^i \\ x_2^i \\ \vdots \\ x_N^i \end{pmatrix} \tag{2.1}$$

個体群に属する個体の数を M とすると，式 (2.2) に示す集合 X が解候補の集合となります．

$$X = \{\overrightarrow{x_1}, \overrightarrow{x_2}, \cdots, \overrightarrow{x_M}\} \tag{2.2}$$

プログラムとして実装するときには，染色体を配列，遺伝子を配列の要素とします．個体群は，染色体を表す 1 次元配列を並べた 2 次元配列，あるいは 1 次元配列の集合として実装するとよいでしょう．

ここで，ナップサック問題の解の表現方法について考えてみましょう．解には各品物がナップサックに入るか否かの情報が含まれていればよいので，品物が N 個のときの染色体は，各品物の情報を表す遺伝子が N 個並んだ配列として表すことができます．遺伝子の値の定義の方法にはいろいろとありますが，例えば，i 番目の遺伝子は i 番目の品物がナップサックに入るとき 1，入らないとき 0 とする，という方法が考えられます．

$N = 8$ のときの染色体の例を図 2.1 に示します．1 番目，2 番目，4 番目，6 番目の遺伝子が 1，他の遺伝子が 0 なので，この染色体は 1 番目，2 番目，4 番目，6 番目の品物がナップサックに入ることを表しています．各遺伝子の位置を表す番号 1〜8 を**遺伝子座**（locus）[注3]，染色体として表される遺伝子の構成を**遺伝子型**（genotype），遺伝子から発現した形質を**表現型**（phenotype）と呼びます．

注3　配列の添え字に相当すると考えてよいですが，多くのプログラミング言語では配列の添え字が 0 から始まるので，図 2.1 に示された遺伝子座の数字とは 1 ずれることに注意しましょう．

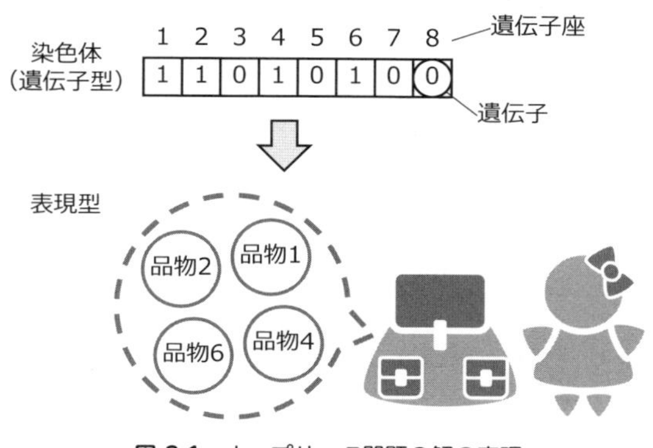

図 2.1　ナップサック問題の解の表現

各個体は，表現型をもとに環境への適応度合い，すなわち問題に対する解としての良さを評価されます．評価結果を表す数値を**適応度**（fitness value），適応度を求める関数を**適応度関数**（fitness function）と呼びます．最適化問題の目的関数をそのまま適応度関数にすることもありますし，制約条件を満たすか否かによって適応度が変動するように定義することもあります．解の良さが確定的でない問題では，適応度関数の定義が非常に難しいです．問題，あるいは適応度関数の定義によって，適応度が高いほど良い解であることを表す場合もあれば，低いほど良い解とする場合もあります．遺伝的アルゴリズムでは，良い解を表す個体を良い個体，すなわち環境適応能力の高い個体と見なします．

ナップサック問題で，j 番目の品物の価値を v_j，i 番目の個体における j 番目の品物の情報を x_j^i で表し，各品物の価値と i 番目の個体 I_i の染色体をそれぞれ式 (2.3)，式 (2.4) のような N 次元ベクトル $\overrightarrow{v}$，$\overrightarrow{x_i}$ として表すと，制約条件を考慮せずに詰めた品物の価値のみで個体 I_i の適応度 $fitness(I_i)$ を算出する適応度関数は式 (2.5) のように定義できます．$fitness(I_i)$ の値が大きいほど I_i は良い個体であると判断します．

$$\overrightarrow{v} = \begin{pmatrix} v_1 \\ v_2 \\ \vdots \\ v_N \end{pmatrix} \tag{2.3}$$

$$\overrightarrow{x_i} = \begin{pmatrix} x_1^i \\ x_2^i \\ \vdots \\ x_N^i \end{pmatrix} \tag{2.4}$$

$$fitness(I_i) = \overrightarrow{v} \cdot \overrightarrow{x_i} = \sum_j v_j x_j^i \tag{2.5}$$

基本アルゴリズムのフローチャートを図 2.2 に示します．まず，あらかじめ決められた個数の個体を生成し，初期の個体群の個体とします．このとき，各個体の遺伝子をランダムに決定することで，広大な探索範囲からランダムに抽出したいくつかの解候補をもとに解探索を開始することができます．個体の評価では個体群内のすべての個体の適応度を算出し，算出された適応度をもとに次世代の個体群を生成します．「すべての個体が一斉に世代交代する」ことを実現しているのが次世代個体群の生成処理です．また，「個体群に属する個体の数は変動しない」ことにしたので，次世代の個体群の個体数は，初期の個体群を生成するときに作った個体の数と同じです．終了条件が満たされるまで次世代の個体群の生成と個体の評価を繰り返し，終了条件が満たされたらそれまでに見つかった最良個体の表現型を解として出力します．必要に応じて最良個体の適応度なども出力します．終了条件としては，一定回数の世代交代を終える，目標とする適応度に達する，最良個体の適応度の変化が十分小さくなる，などを指定します．

一般的に，次世代の個体は適応度をもとに選択した 2 つの親個体を交叉し，あ

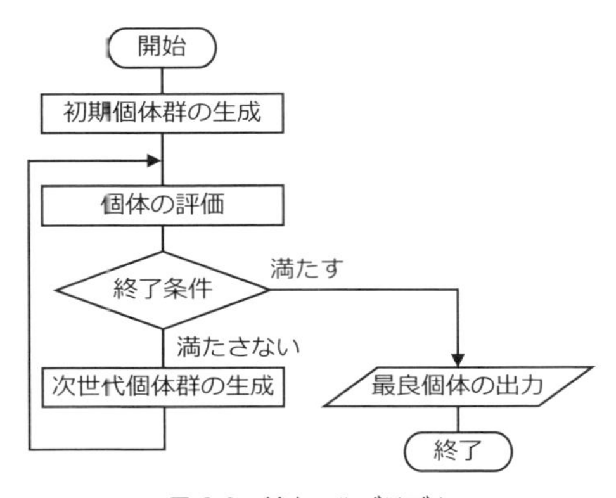

図 2.2　基本アルゴリズム

る確率で突然変異を起こして生成します．以降では各処理の詳細について説明します．

2.3 親個体の選択

「2 個体の交叉により子を作る」ためには，親となる個体を 2 つ選択しなければなりません．また，「環境に適応できる個体ほど次世代に自分の遺伝子を残せる」ようにするためには，親個体は適応度に応じて選択する必要があります．さらに，「各個体の雌雄は考えない」ことにしたので，各個体がいずれの個体ともペアになり得ます．そこで，良い個体ほど選ばれる確率が高くなるように個体群全体から個体を選択する行為を 2 回繰り返すことで，親となる 2 個体を決定します．

各個体の適応度の比を選択確率の比にする方法が**ルーレット選択**（roulette selection）です．ルーレットというとカジノのゲームを思い浮かべるかもしれませんが，カジノのルーレットでは各数字に均等に領域が割り当てられている円盤を用いるのに対し，ルーレット選択では領域が不均等に分けられている円盤を用います．面積の比が各個体の適応度の比になるように円盤を各個体に対応する領域に分け，円盤上の 1 点をランダムに選び，選ばれた点の領域に対応する個体を親個体とします．

具体例をみてみましょう．図 2.3 は，適応度がそれぞれ 80，70，60，50，40，30，20，10 である個体 A〜H から，ルーレット選択で 1 つの個体を選択するときのイメージです．面積の比が各個体の適応度の比になるように，円盤が 8 つの領域に分けられています．この円盤を回転させて矢を放つと，面積の一番大きい個体 A の領域に当たる確率が一番高くなるでしょう．次に確率が高いのは個体 B で，最も確率が低いのが個体 H です．しかし，個体 H の領域に当たらないわけではありません．以上により，環境に適応できる個体ほど次世代に自分の遺伝子を残せるけれど，適応度合いが低い個体が遺伝子を残せないわけではない，という生物の進化過程に従った処理が実現できます．

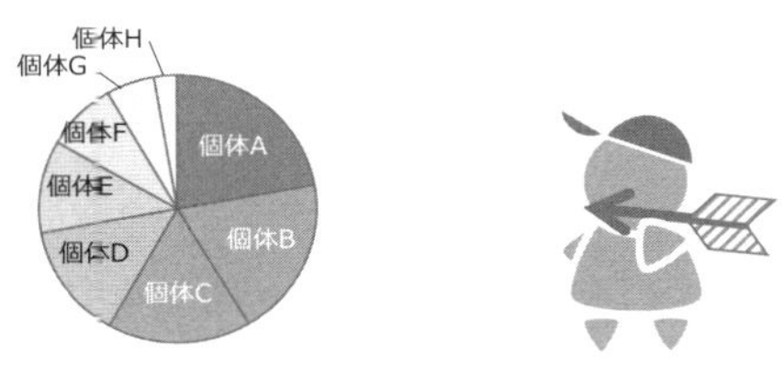

図 2.3　ルーレット選択のイメージ

円盤全体の面積に対する各個体の面積の割合が各個体の選ばれる確率に相当するので，適応度が $fitness(I_k)$ である個体 I_k がルーレット選択で選択される確率 $rouProb(I_k)$ は式 (2.6) のように定式化できます．

$$rouProb(I_k) = \frac{fitness(I_k)}{\displaystyle\sum_i fitness(I_i)} \tag{2.6}$$

式 (2.6) の分母はすべての個体の適応度の和です．ルーレット選択は，個体の良さに応じて選ばれやすさが変わるということが感覚的に理解しやすい方法ですが，世代交代を繰り返して個体群内に類似した個体が多く含まれるようになると，各個体間の適応度の差が小さくなり，ランダムに個体を選択しているのと変わらなくなります．

適応度が負の値になる可能性がある場合に式 (2.6) により選択確率を求めると，個体によっては選択確率が負になります．また，適応度が低いほど良い個体である場合には，悪い個体ほど選択されやすくなります．このような場合には，適応度を良い個体ほど大きくなるような正の値に変換して得られた値を $fitness(I_i)$ の代わりに用いて選択確率を算出します．

例えば，負の値になる可能性のある適応度 $fitness(I_i)$ は，式 (2.7) により $trFit1(I_i)$ に変換します．

$$trFit1(I_i) = \frac{fitness(I_i) - fmin}{fmax - fmin} \tag{2.7}$$

ここで，$fmin$ と $fmax$ はそれぞれ適応度の最小値と最大値です．$trFit1(I_i)$ には，各 $fitness(I_i)$ の数値を降順に並べたときの個体の順序と，数値の間隔の比が引き継がれています．また，すべてが 0 以上の数値になります．

小さいほど良い個体である場合の適応度 $fitness(I_i)$ は，式 (2.8) により $trFit2(I_i)$ に変換します．

$$trFit2(I_i) = \frac{fmax - fitness(I_i)}{fmax - fmin} \tag{2.8}$$

$trFit2(I_i)$ には，各 $fitness(I_i)$ の数値の間隔の比が引き継がれており，すべての値は 0 以上の数値になりますが，数値を降順に並べたときの個体の順序は $fitness(I_i)$ と逆順になります．ただし，式 (2.7)，式 (2.8) のいずれにおいても最も悪い個体の適応度が 0 に変換されるので，最悪の個体は選択されなくなります．すべての個体に選択される可能性を与えたい場合には，式 (2.7)，式 (2.8) に微小な値を加算するとよいでしょう．

一方，個体群内における順位に応じて選択確率を決定する方法が**ランキング選択**（ranking selection）です．良い個体ほど選択確率が高くなるように，各順位の個体の選択確率を定めます．ルーレット選択における適応度の代わりに，個体群内での個体の順位を用いて選択確率を求めるとすると，個体群内での良いほうからの順位が $rank(I_k)$ である個体 I_k がランキング選択で選択される確率 $rankProb(I_k)$ は，式 (2.9) で求められます．

$$rankProb(I_k) = \frac{M - rank(I_k) + 1}{\sum_i rank(I_i)} = \frac{M - rank(I_k) + 1}{\frac{1}{2}M(M+1)} \tag{2.9}$$

式 (2.9) において，M は個体群内の個体数であり，分母は 1 から M までの自然数の和を表します．ランキング選択は，適応度が低いほど良い個体である場合にも適用することができ，個体間の良し悪しを明確に決めて個体を選択することができます．しかし，適応度の差の大小にかかわらず選択確率を決定するため，適応度の微妙な差を選択に反映させることができません．また，個体群内での順位を使用するため，世代交代のたびに個体の順位を求めなければなりません．

トーナメント選択（tournament selection）では，個体群内からランダムに抽出した S 個の個体のうち，最も良い個体を選択します．S はトーナメントサイズと呼ばれ，S の値により悪い個体が選ばれる確率を目的に応じて調整することができます．S の値が大きいほど，悪い個体が選ばれなくなります．

2.4 交叉

選択された 2 つの親個体を交叉し，子個体を生成します．最も単純な交叉の方

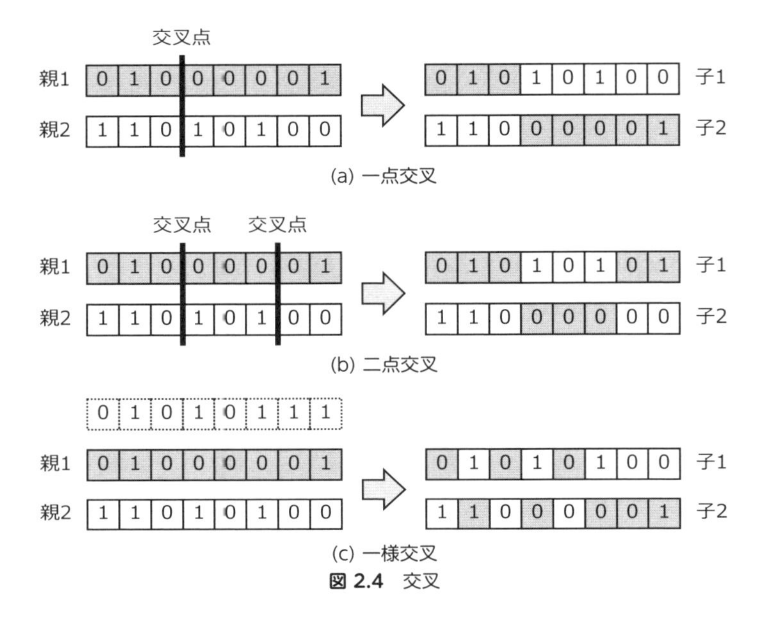

図 2.4　交叉

法が**一点交叉**（one-point crossover）です．図 2.4(a) のように，染色体における遺伝子間の位置をランダムに 1 ヶ所選び，その前後の遺伝子列を交換して子個体の染色体とします．選ばれた遺伝子間の位置を**交叉点**（crossover point）と呼びます．

図 2.4(b) のように交叉点を 2 ヶ所選び，交叉点間の遺伝子列を交換して子個体を作る方法が**二点交叉**（two-point crossover）です．同様に，交叉点を n ヶ所選び，交叉点間の遺伝子列を 1 つおきに交換して子個体を作る方法を **n 点交叉**（n-point crossover）と呼びます．n 点交叉では連続する遺伝子が子個体に受け継がれるので，遺伝子が隣り合っていることに意味がある場合に有効な方法といえます．

どちらの親の遺伝子を受け継ぐかを遺伝子座ごとに独立して決める方法が**一様交叉**（uniform crossover）です．図 2.4(c) に示すように，ランダムに値が決められた染色体と同じ長さのビット列を用意して，ビット列の値によってどちらの親の遺伝子を受け継ぐかを決めます．ナップサック問題など，連続する遺伝子の関連性がない場合には，2 つの親個体の良い遺伝子を独立して受け継ぐことができますが，最適解に含まれるような遺伝子列ができている場合には，一様交叉を適用することで良い遺伝子列が壊れる可能性が高くなります．

2.5 突然変異

いずれの親も持っていない遺伝子を子に持たせるのが突然変異です．ときどき突然変異を起こすことで，局所最適解に陥った状態を変化させることができますが，あまり頻繁に起こすと親から受け継いだ良い遺伝子を失うことになるので，突然変異を起こす確率を適切に設定することが重要になります．

染色体がビット列で表される場合には，図 2.5 のように，突然変異を起こす対象となった遺伝子の値を反転させます．遺伝子が整数値や実数値の場合には，取り得る範囲の別の値に変更します．

図 2.5　突然変異

2.6 進化戦略

効率よく最適解を得るには，親個体の選択対象を個体群全体ではなく一部分にする，子個体として採用する個体に条件を付ける，世代によって親の選択方法を変えるなど，各世代の個体群をどのように生成するかという進化戦略が重要になります．また，ある世代でとても良い個体ができ，その個体が親個体として選ばれても，親個体同士の組合せが悪いために良い遺伝子列が次世代に受け継がれない可能性があります．このような状況を避けるためには，良い個体は無条件に次世代に残すという**エリート保存戦略**（elite preservation strategy）を採用します．個体群における最良個体が前の世代よりも悪くなることは避けられますが，あまりにも多くの個体をそのまま残すと，同じような遺伝子列が個体群内に急速に広まり，局所最適解に収束する可能性が高くなります．

2.7 巡回セールスマン問題への適用

本節では，巡回セールスマン問題を遺伝的アルゴリズムで解く場合の解の表現方法と交叉，突然変異について解説します．

2.7.1 解の表現方法

ナップサック問題では，図 2.1 のように解を表現すると，染色体が表す解，すなわちどの品物がナップサックに入るのかがすぐにわかります．また，2.4 節に示した交叉や，2.5 節に示した突然変異など，一般的な遺伝オペレータを適用することができます．

一方，巡回セールスマン問題では，わかりやすい染色体に一般的な遺伝オペレータを適用することができません．巡回セールスマン問題の解は都市の巡回順なので，巡回対象である N 都市にそれぞれ $1 \sim N$ の番号を振ると，$1 \sim N$ の数字を任意の順番で並べることで 1 つの解を表すことができます．最もわかりやすい解の表現方法は，長さ N の配列を染色体として，i 番目に訪問する都市の番号を i 番目の遺伝子とする方法でしょう．この表現方法を**パス表現**（path representation）と呼びます．

$N = 9$ のときのパス表現による染色体の例とその巡回順を図 2.6 に示します．染色体に含まれる各遺伝子をそのままの順番で読むと巡回順になるので，とてもわかりやすいです．しかし，この染色体を別の染色体と 2.4 節に示した交叉によりかけ合わせると，ある都市には複数回訪問し，ある都市は訪問しないような巡回順を表す子個体が生成されることがあります．2.5 節に示した突然変異によっても同様のことが起こり得ます．巡回セールスマン問題では，すべての都市を 1

	1	2	3	4	5	6	7	8	9
染色体	3	7	2	8	6	1	9	4	5
巡回順	3	7	2	8	6	1	9	4	5

i 番目の遺伝子 = i 番目に訪問する都市の番号

図 2.6　パス表現による染色体の例と巡回順

回ずつ訪問しなければならないので，このような個体の生成は避けなければなりません．したがって，パス表現により解を表現した場合には，不正な巡回順を表す個体が生成されないような交叉と突然変異の方法が必要になります．

パス表現では，遺伝子座と遺伝子により「何番目にどの都市を訪問するか」を表現しています．巡回セールスマン問題では，総移動コストが最小となる解が最適解であるため，各都市を訪問する順番よりも，次にどの都市を訪問するか，すなわち連続して訪問する都市の組合せが重要になります．未訪問の都市が近くにある状況で，遠くの都市を先に訪問すると，総移動コストが最小となる可能性は低いでしょう．遺伝子座と遺伝子により「各都市の次に訪問する都市」を表現する方法が**隣接表現**（adjacent representation）です．長さ N の配列を染色体として，都市 i の次に訪問する都市の番号を i 番目の遺伝子とします．

$N = 9$ のときの隣接表現による染色体の例とその巡回順を図 2.7 に示します．上の染色体では，都市 1 から始めて，1 番目の遺伝子が 3 なので都市 1 の次は都市 3 に訪問，3 番目の遺伝子が 8 なので都市 3 の次は都市 8 に訪問，というようにみていくと巡回順がわかります．パス表現よりも巡回順の読み取りが面倒ですが，1 組の遺伝子座と遺伝子により都市のペアが表現できるので，世代交代を重ねる中で，都市間の移動コストの少ない都市のペアを受け継いでいくことができます．しかし，下の染色体では 9 番目の遺伝子が 1 になっているため，すべての都市を訪問する前に都市 1 に戻るような巡回順となります．このように，隣接表現では 1〜N の数字が 1 回ずつ出現するような染色体でも，正しい巡回順を表さないことがあります．

次に，一般的な遺伝オペレータを適用できる解の表現方法として，**順序表現**

【正しい巡回順を表さない場合】

	1	2	3	4	5	6	7	8	9
染色体	3	6	8	4	5	2	9	7	1

巡回順　1　3　8　7　9　1　3　8　7　9　…　ループ

i 番目の遺伝子 ＝ 都市 i の次に訪問する都市の番号

図 2.7　隣接表現による染色体の例と巡回順

(order representation) を紹介します．順序表現では，i 番目の遺伝子は 1 以上 $N-i+1$ 以下のいずれかの整数となっており，未訪問都市の番号を列挙した順序リストを使用して巡回順を求めます．i 番目の遺伝子は，i 番目に訪問する都市の番号を順序リストから取り出すための数値で，順序リストにおける都市番号の位置を表します．最初，すべての都市の番号を順序リストの要素とし，i を 1 から N まで 1 ずつ増やしながら以下の操作を繰り返すことで，巡回順が求められます．

1. i 番目の遺伝子を j とする．
2. 順序リストの j 番目の要素を i 番目に訪問する都市の番号とみなし，i 番目に訪問する都市を決める．
3. 順序リストから j 番目の要素を削除する．

$N=9$ のときの順序表現による染色体の例と巡回順を求める手順を図 2.8 に示します．1 番目の遺伝子は 8 なので順序リストの 8 番目の要素である都市 8 を 1 番目に訪問，2 番目の遺伝子は 3 なので順序リストの 3 番目の要素である都市 3 を 2 番目に訪問，3 番目の遺伝子は 5 なので順序リストの 5 番目の要素である都市 6 を 3 番目に訪問，というように巡回順が決まります．「i 番目の遺伝子は 1 以上 $N-i+1$ 以下のいずれかの整数」というルールさえ守れば，不正な巡回順を表すことはありません．2.4 節に示した交叉では，親の各遺伝子は子の同じ遺伝子座の遺伝子として受け継がれます．2.5 節に示した突然変異を起こすと，遺伝子は取り得る範囲の別の値に変更されます．したがって，各遺伝子座に不正な値が入ることはないので，一般的な遺伝オペレータを適用することができます．

もうひとつ，一般的な遺伝オペレータを適用できる解の表現方法として，**ランダムキー表現** (random key representation) を紹介しましょう．ランダムキー表現の各遺伝子はランダムに決められた数値です．遺伝子座と遺伝子をペアにして，遺伝子の昇順あるいは降順に並べ替えたときの遺伝子座の列を巡回順とみなします．昇順に並べ替えるときは，i 番目に小さい遺伝子の遺伝子座が i 番目に訪問する都市の番号になります．

$N=9$ のときのランダムキー表現による染色体の例とその巡回順を図 2.9 に示します．9 個の遺伝子のうち，6 番目の遺伝子が 1 番小さいので都市 6 を 1 番目に訪問，3 番目の遺伝子が 2 番目に小さいので都市 3 を 2 番目に訪問，というように巡回順が決まります．遺伝子の値に制約はないので，一般的な遺伝オペレータを適用することができます．

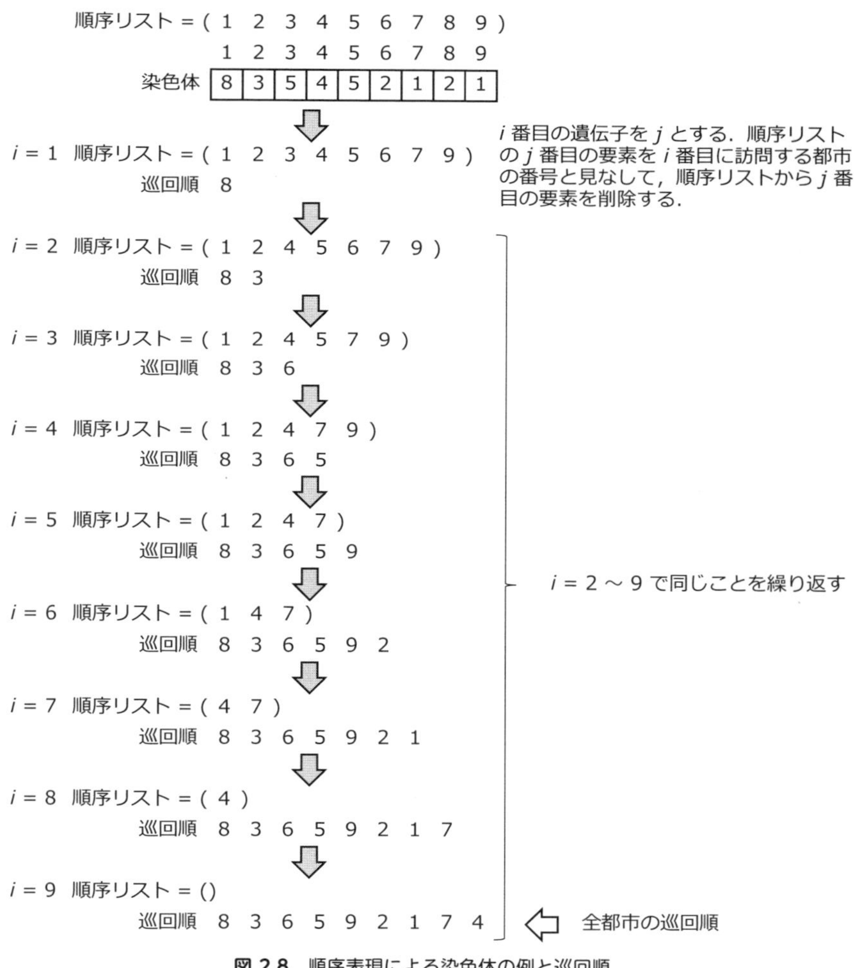

図 2.8　順序表現による染色体の例と巡回順

	1	2	3	4	5	6	7	8	9	
染色体	9	18	6	21	16	4	29	12	15	… 各遺伝子に乱数を割り当てる
巡回順	6	3	1	8	9	5	2	4	7	… 遺伝子を昇順に並べたときの遺伝子座の列

図 2.9　ランダムキー表現による染色体の例と巡回順

2.7.2　パス表現用の交叉

2.7.1 項で説明した通り，パス表現は染色体から巡回順を簡単に読み取れるけれども，一般的な交叉を適用できません．本項では，パス表現に適用できる交叉方法を 5 つ紹介します．

親個体との類似性と遺伝子の位置の継承を重視した方法が**部分写像交叉**（partially mapped crossover）です．部分写像交叉により親 1 と親 2 から子 1 と子 2 を生成する手順は以下の通りです．

1. 2 つの交叉点をランダムに設定し，2 つの親個体の交叉点間の遺伝子により交換ルールを作成する．
2. 親 1，親 2 の交叉点間の遺伝子をそれぞれ子 2，子 1 の同じ遺伝子座の遺伝子とする．
3. 親 1 の交叉点外の遺伝子のうち，まだ子 1 に含まれていない遺伝子を子 1 の同じ遺伝子座の遺伝子とする．同様に，親 2 の交叉点外の遺伝子のうち，まだ子 2 に含まれていない遺伝子を子 2 の同じ遺伝子座の遺伝子とする．
4. 親 1 の交叉点外の遺伝子のうち，既に子 1 に含まれている遺伝子を交換ルールにより変換して子 1 の同じ遺伝子座の遺伝子とする．同様に，親 2 の交叉点外の遺伝子のうち，既に子 2 に含まれている遺伝子を交換ルールにより変換して子 2 の同じ遺伝子座の遺伝子とする．

交換ルールとは，親 1 と親 2 の同じ遺伝子座にある遺伝子を互いに変換するための規則です．交叉点間の遺伝子座 p の親 1 と親 2 の遺伝子がそれぞれ a，b であるとき，親 1 の遺伝子を受け継ぐための交換ルールとして「b を a に変換する」，親 2 の遺伝子を受け継ぐための交換ルールとして「a を b に変換する」が作成されます．

部分写像交叉の例を図 2.10 に示します．交叉点間の遺伝子から，親 1 の遺伝子を受け継ぐための交換ルールとして，以下の 4 つが作成されます．

- $1 \to 3$
- $8 \to 4$
- $7 \to 1$
- $6 \to 8$

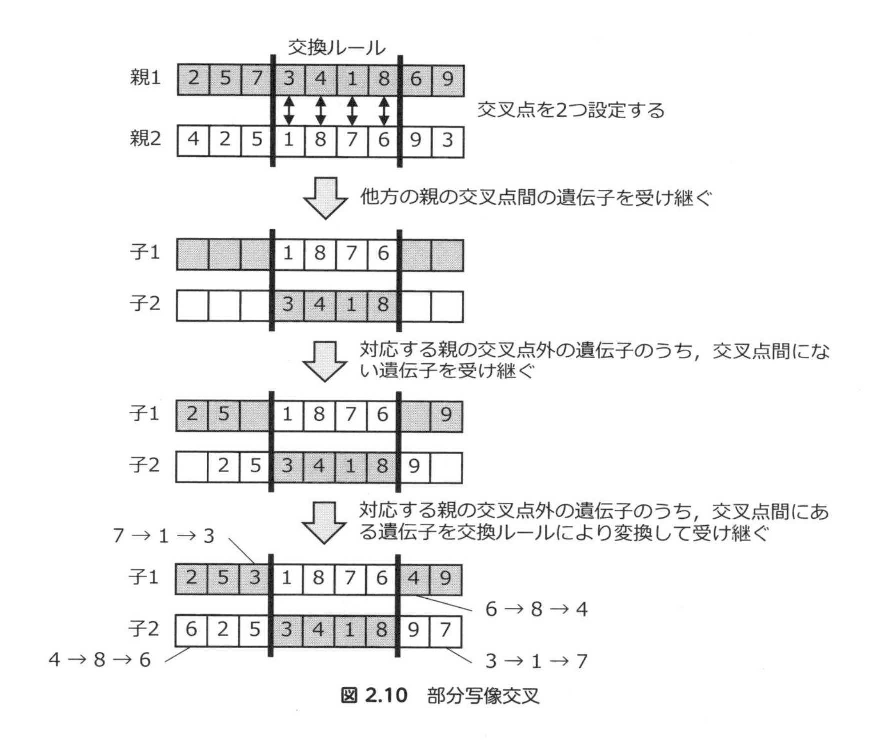

図 2.10　部分写像交叉

また，親 2 の遺伝子を受け継ぐための交換ルールは以下の 4 つです．

- 3 → 1
- 4 → 8
- 1 → 7
- 8 → 6

まず，親 1 の交叉点間の遺伝子 3，4，1，8 を子 2 に，親 2 の交叉点間の遺伝子 1，8，7，6 を子 1 に，位置を変えずに受け継ぎます．次に，親 1 の交叉点外の遺伝子のうち，子 1 にまだ含まれていない 2，5，9 を子 1 に，親 2 の交叉点外の遺伝子のうち，子 2 にまだ含まれていない 2，5，9 を子 2 に，位置を変えずに受け継ぎます．結果として，親 1 と親 2 の両方で交叉点外にある遺伝子 2，5，9 が受け継がれることになります．最後に，前の処理で既に子に含まれているために受け継げなかった遺伝子を交換ルールによって変換して受け継ぎます．例えば，親 1 の 3 番目の遺伝子 7 は，子 1 の 6 番目の遺伝子となっているため，前の段階では受け継げませんでした．そこで交換ルールを適用し，7 を 1 に変換します．ところが 1 は子 1 の 4 番目の遺伝子となっているので，もう一度交換ルールを適用して 3 に変換します．3 は子 1 には含まれていないので，3 番目の遺伝子とします．以上の処理によって，子個体でも 1〜9 が 1 つずつ遺伝子として含まれるようになり，不正な巡回順を表す子個体が生成されることはありません．

次に，都市の巡回順を重視した**順序交叉**（order crossover）について説明します．順序交叉により親 1 と親 2 から子 1 と子 2 を生成する手順は以下の通りです．

1. 2 つの交叉点をランダムに設定する．
2. 親 1，親 2 の交叉点間の遺伝子をそれぞれ子 2，子 1 の同じ遺伝子座の遺伝子とする．
3. 親 1 の交叉点外の遺伝子のうち，まだ子 1 に含まれていない遺伝子を 2 番目の交叉点から順に読み，そのままの順番で子 1 の 2 番目の交叉点以降の遺伝子とする．同様に，親 2 の交叉点外の遺伝子のうち，まだ子 2 に含まれていない遺伝子を 2 番目の交叉点から順に読み，そのままの順番で子 2 の 2 番目の交叉点以降の遺伝子とする．ただし，親の遺伝子を読むとき，および子の遺伝子を決めるときには，末尾の遺伝子の次は先頭の遺伝子とする．

順序交叉の例を図 2.12 に示します．まず，親 1 の交叉点間の遺伝子 3，4，1，8 を子 2 に，親 2 の交叉点間の遺伝子 1，8，7，6 を子 1 に，位置を変えずに受け継ぎます．次に，親 1 の交叉点外の遺伝子のうち，子 1 にまだ含まれていない遺伝子を 2 番目の交叉点から順に読むと 9，2，5，3，4 となるので，子 1 の 8，9，1，2，3 番目の遺伝子をそれぞれ 9，2，5，3，4 とします．同様に，親 2 の交叉点外の遺伝子のうち，子 2 にまだ含まれていない遺伝子を 2 番目の交叉点から順に読むと 9，2，5，7，6 となるので，子 2 の 8，9，1，2，3 番目の遺伝子をそれぞれ 9，2，5，7，6 とします．この方法でも，遺伝子として染色体に各都市番号が 1 回ずつ含まれることが保証されます．

順序交叉では連続した一部分の遺伝子の位置と巡回順を受け継ぎますが，**順序に基づく交叉**（order based crossover）では点在する遺伝子の位置と巡回順の両者を受け継ぎます．順序に基づく交叉により親 1 と親 2 から子 1 と子 2 を生成する手順は以下の通りです．

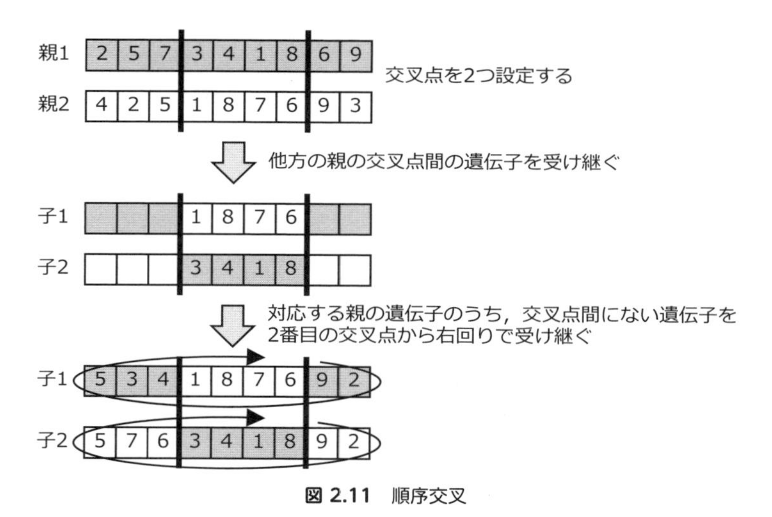

図 2.11　順序交叉

1. 親 1 と親 2 の同じ遺伝子座にある遺伝子のペアを複数選択する．
2. 親 1 の遺伝子のうち，親 2 で選択されていない遺伝子を子 1 の同じ遺伝子座の遺伝子とする．同様に，親 2 の遺伝子のうち，親 1 で選択されていない遺伝子を子 2 の同じ遺伝子座の遺伝子とする．
3. 親 1 で選択されている遺伝子を左から順に読み，そのままの順番で子 2 の空いている遺伝子座の遺伝子とする．同様に，親 2 で選択されている遺伝子を左から順に読み，そのままの順番で子 1 の空いている遺伝子座の遺伝子とする．

順序に基づく交叉の例を図 2.12 に示します．まず，親 1 の遺伝子のうち親 2 で選択されていない 2，4，8，6，9 を子 1 に，親 2 の遺伝子のうち親 1 で選択されていない 4，2，5，8，6 を子 2 に，位置を変えずに受け継ぎます．次に，親 2 で選択された遺伝子 5，1，7，3 をそれぞれ子 1 の 2，3，4，6 番目の遺伝子とし，親 1 で選択された遺伝子 7，3，1，9 をそれぞれ子 2 の 4，6，8，9 番目の遺伝子とします．2 つの親に含まれる巡回順が組み合わされた子個体が生成されます．

2 つの親における遺伝子の位置の継承を重視している交叉が**循環交叉**（cycle crossover）です．循環交叉により親 1 と親 2 から子 1 と子 2 を生成する手順は以下の通りです．

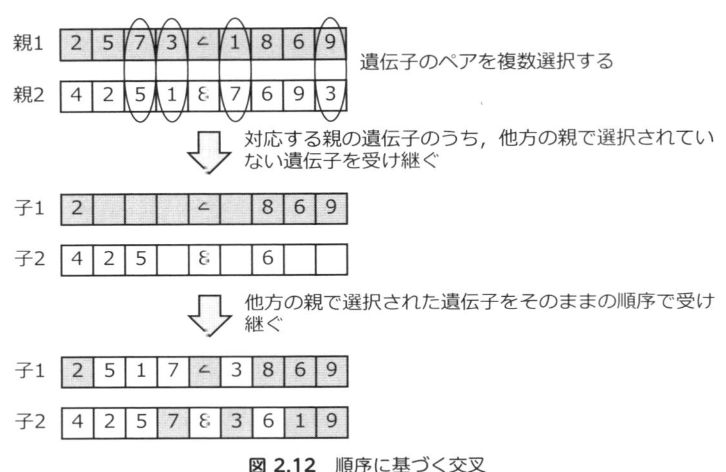

図 2.12　順序に基づく交叉

1. 遺伝子座を 1 つ選択し α とする．
2. $i = 0$ とし，$a_0 = b_0 = \alpha$ とする．
3. 親 1 の a_i 番目の遺伝子を子 1 の a_i 番目の遺伝子，親 2 の b_i 番目の遺伝子を子 2 の b_i 番目の遺伝子とする．
4. 親 1 で親 2 の a_i 番目の遺伝子と同じ遺伝子がある遺伝子座を a_{i+1} とする．また，親 2 で親 1 の b_i 番目の遺伝子と同じ遺伝子がある遺伝子座を b_{i+1} とする．
5. $a_{i+1} = b_{i+1} = \alpha$ となるまで，i を 1 ずつ増やしながら 3 と 4 を繰り返す．
6. 親 2 で受け継がれていない遺伝子を子 1 の同じ遺伝子座の遺伝子とし，親 1 で受け継がれていない遺伝子を子 2 の同じ遺伝子座の遺伝子とする．

循環交叉の例を図 2.13 に示します．遺伝子座 1 を選択した場合，子 1 の 1 番目の遺伝子を親 1 の 1 番目の遺伝子 2，子 2 の 1 番目の遺伝子を親 2 の 1 番目の遺伝子 4 とします．次に，親 2 の 1 番目の遺伝子 4 と同じ遺伝子が親 1 には 5 番目にあり，親 1 の 1 番目の遺伝子 2 と同じ遺伝子が親 2 には 7 番目にあるので，子 1 の 5 番目の遺伝子を 4，子 2 の 7 番目の遺伝子を 2 とします．同様にして，親 2 の 5 番目の遺伝子 8 と同じ遺伝子が親 1 には 7 番目にあり，親 1 の 7 番目の遺伝子 8 と同じ遺伝子が親 2 には 5 番目にあるので，子 1 の 7 番目の遺伝子を 8，子 2 の 5 番目の遺伝子を 8 とします．同様にしようとすると，親 2 の 7 番目の遺伝子 2 と同じ遺伝子が親 1 には 1 番目，親 1 の 5 番目の遺伝子 4 と同

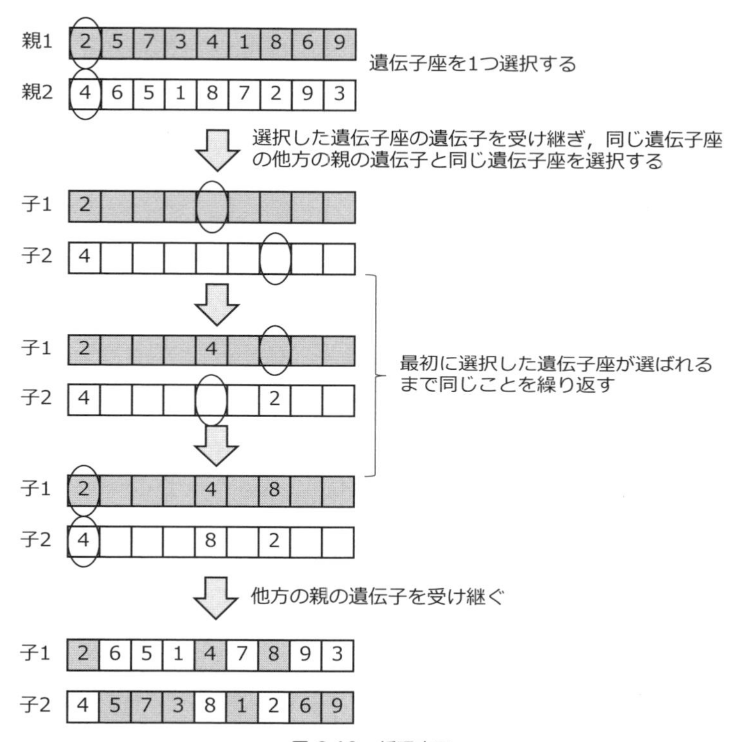

図 2.13　循環交叉

じ遺伝子が親 2 には 1 番目にあることがわかり，最初に選択した遺伝子座となるので，親 2 でまだ受け継がれていない遺伝子 6，5，1，7，9，3 をそれぞれ子 1 の 2，3，4，6，8，9 番目の遺伝子とし，親 1 でまだ受け継がれていない遺伝子 5，7，3，1，6，9 をそれぞれ子 2 の 2，3，4，6，8，9 番目の遺伝子とします．親から受け継がれた各遺伝子は，親における遺伝子の位置も継承しています．

2 つの親が含む部分経路を交換する交叉が**サブツア交換交叉**（subtour exchange crossover）です．2 つの親において同じ長さのサブツアを選択し，両者に含まれる遺伝子がすべて同じ場合にはサブツアを交換します．サブツア交換交叉の例を図 2.14 に示します．2 つの親の部分経路が組み合わされた子個体が生成されます．

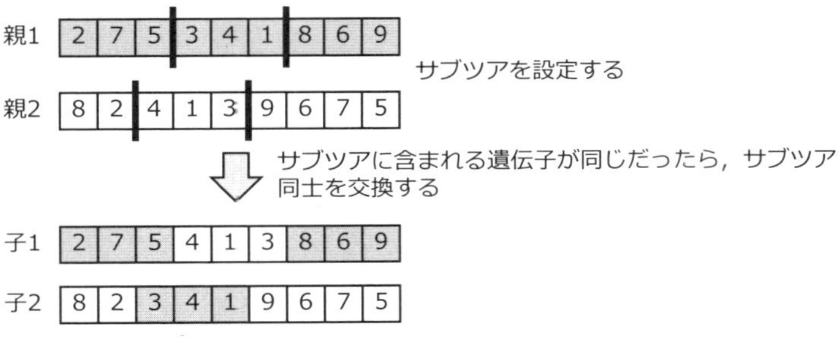

図 2.14　サブツア交換交叉

2.7.3　パス表現用の突然変異

パス表現による染色体に 2.5 節に示した一般的な突然変異を適用すると，1 つだけ遺伝子が変更されるので，不正な巡回順が生成されます．そこで，パス表現を採用した場合の突然変異では，ランダムに選択した 2 つの遺伝子を交換したり，ランダムに選択した 1 つの遺伝子をランダムに選択した箇所に挿入したりします．パス表現用の突然変異の例を図 2.15 に示します．

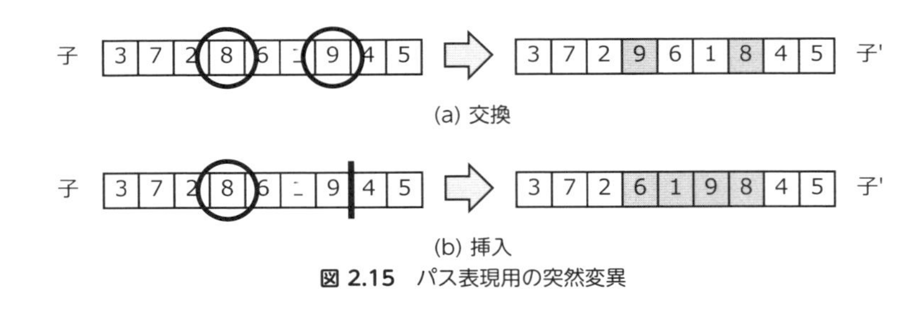

図 2.15　パス表現用の突然変異

2.8　グレイコード

遺伝子とする値は，対象問題の特徴に応じて，0 と 1 の 2 値，整数，実数などを取るように設定しますが，各遺伝子は 0 と 1 のいずれかの値を取り，連続する複数の遺伝子を 2 進数表記の 1 つの整数とみなすこともあります．例えば，次のような問題を考えてみましょう．

お茶会のお菓子選び問題

お茶会に出すお菓子を購入する．お菓子は N 種類から選ぶことができ，同じ種類のお菓子を複数個購入することができる．予算 B 円にできるだけ近い金額で購入するとき，各種類のお菓子の購入個数を求めよ．

j 番目のお菓子の価格を v_j，j 番目のお菓子の購入個数を x_j で表し，各お菓子の価格と購入個数をそれぞれ式 (2.10)，式 (2.11) のような N 次元ベクトル $\overrightarrow{v}$，$\overrightarrow{x}$ として表すと，この問題は式 (2.12) で表される目的関数の値が最小となるような x_1〜x_N を求める問題となります．

$$\overrightarrow{v} = \begin{pmatrix} v_1 \\ v_2 \\ \vdots \\ v_N \end{pmatrix} \tag{2.10}$$

$$\overrightarrow{x} = \begin{pmatrix} x_1 \\ x_2 \\ \vdots \\ x_N \end{pmatrix} \tag{2.11}$$

$$fitness = |B - \overrightarrow{v} \cdot \overrightarrow{x}| = \left| B - \sum_j v_j x_j \right| \tag{2.12}$$

購入金額がぴったり B 円になる，すなわち目的関数の値が 0 になる買い方が複数存在するかもしれません．ここではそのうちの 1 つが見つかればよいとして，この問題を遺伝的アルゴリズムで解く場合の解の表現方法について考えてみましょう．求める x_1〜x_N をそれぞれ遺伝子として解を表現するのがよさそうですが，1 つの遺伝子を 1 つの整数にすると，交叉しても親個体に含まれる値しか子個体に含まれず，いろいろな整数の組合せを解候補とすることができません．そこで，x_1〜x_N を 2 進数で表記することとし，各遺伝子にはそれぞれのビットの値が入るようにします．$N = 5$ で各種類のお菓子を最高で 3 個買えるとしたときの遺伝子型と表現型の例を図 2.16 に示します．x_1〜x_5 の上限値が 3 なので，それぞれ 2 ビットで表現され，染色体は 10 個の遺伝子で構成されます．左から順に長さ 2 の遺伝子列を作り，それぞれが x_1〜x_5 を表す 2 進数とみなします．

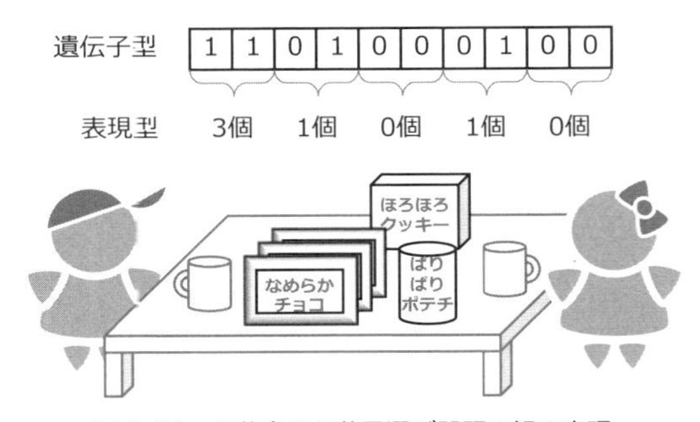

図 2.16　お茶会のお菓子選び問題の解の表現

このように解を表現したときの突然変異について考えてみましょう．巡回セールスマン問題とは違い，1 つの遺伝子の値を変更しても不正な解になることはありませんので，一般的な突然変異を適用することができます．突然変異が起こると，いずれかの遺伝子が 0 から 1，あるいは 1 から 0 に変更されますが，このとき表現型はどのように変化するでしょうか．

2 つの数値の差と 2 進数での**ハミング距離**（Hamming distance）を比較してみましょう．ハミング距離とは，長さの等しい 2 つの文字列において，対応する位置にあって値が異なる文字の個数です．図 2.17 に例を 4 つ示します．差が 1 である 0 と 1，および 2 と 3 を 4 ビットの 2 進数で表すと，いずれも 1 番右のビットのみ値が異なっており，他の 3 ビットの値は同じなので，ハミング距離は

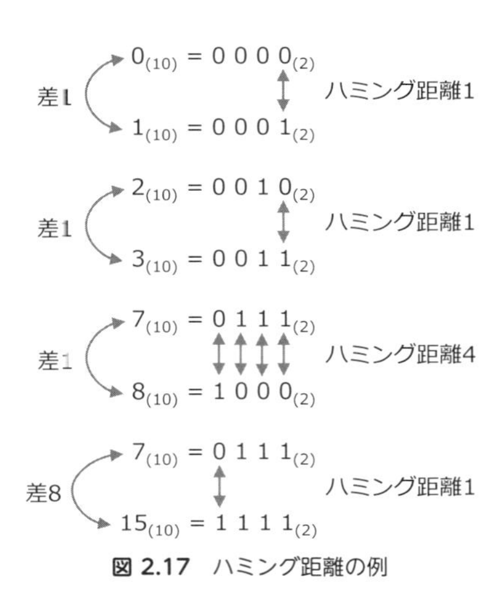

図 2.17　ハミング距離の例

1です．一方，7と8は差が1であるにもかかわらず，2進数でのハミング距離は4です．7と15の2進数でのハミング距離は1ですが，差は8です．このように，差と2進数でのハミング距離の組合せはさまざまです．すなわち，突然変異が起こるビットによって，表現型が変化する度合いが異なるということです．

どこで突然変異が起こっても同じ程度に表現型を変化させたい場合には，通常の2進数の代わりに**グレイコード**（Gray code）を使います．0から15までの整数を表す4ビットの2進数とグレイコードを表2.1に示します．上下に隣り合う2つのグレイコードを比較すると，いずれも値が異なるビットは1つのみです．グレイコードで解を表現すると，いずれの遺伝子で突然変異が起こっても，表現型の値は1だけ変わることになります．

表 2.1 10進数と2進数とグレイコードの対応

10進数	2進数	グレイコード
0	0000	0000
1	0001	0001
2	0010	0011
3	0011	0010
4	0100	0110
5	0101	0111
6	0110	0101
7	0111	0100
8	1000	1100
9	1001	1101
10	1010	1111
11	1011	1110
12	1100	1010
13	1101	1011
14	1110	1001
15	1111	1000

通常の2進数は以下の手順でグレイコードに変換することができます．

1. 最上位桁を注目桁とする．
2. 注目桁の値が1のとき，注目桁よりも下位の桁の数をすべて反転する．
3. 注目桁の1つ下位の桁を注目桁とする．
4. 注目桁が最下位桁になるまで2と3を繰り返す．

上記の手順で 2 進数 1011，1100 をグレイコードに変換する過程を図 2.18 に示します．いずれも表 2.1 に示したグレイコード 1110，1010 に変換できていることがわかります．

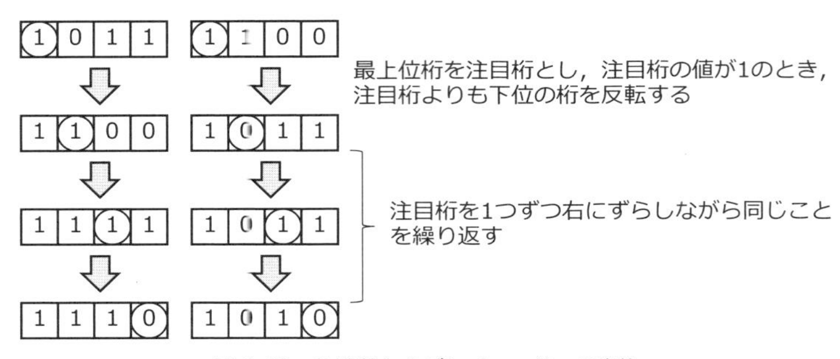

図 2.18　2 進数からグレイコードへの変換

また，処理対象の 2 進数を 1 ビット分だけ右シフトしたものと，元の 2 進数の排他的論理和をとると，グレイコードになります．図 2.18 と同じ 2 進数を右シフトと排他的論理和によりグレイコードに変換する過程を図 2.19 に示します．この性質を利用すると，C 言語で整数の変数 x，y に対して以下の演算を実行することで，y の 2 進数表記は x のグレイコードになります．

```
y = x ^ (x >> 1);
```

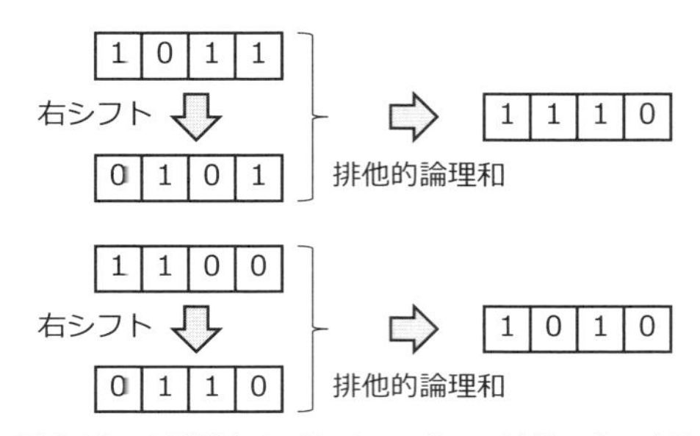

図 2.19　2 進数からグレイコードへの演算による変換

逆に，グレイコードは以下の手順で 2 進数に変換することができます．

1. 最上位桁を注目桁とし，2 進数の最上位桁をグレイコードの最上位桁と同じ値にする．
2. グレイコードの注目桁の 1 つ下位の桁の値が 1 のとき，2 進数の注目桁の値を反転して，2 進数の注目桁の 1 つ下位の桁の値とする．グレイコードの注目桁の 1 つ下位の桁の値が 0 のとき，2 進数の注目桁の値を 2 進数の注目桁の 1 つ下位の桁の値とする．
3. 注目桁の 1 つ下位の桁を注目桁とする．
4. 注目桁が最下位桁になるまで 2 と 3 を繰り返す．

上記の手順でグレイコード 1110，1010 を 2 進数に変換する過程を図 2.20 に示します．いずれも図 2.20 に示した 2 進数 1011，1100 に戻っていることがわかります．

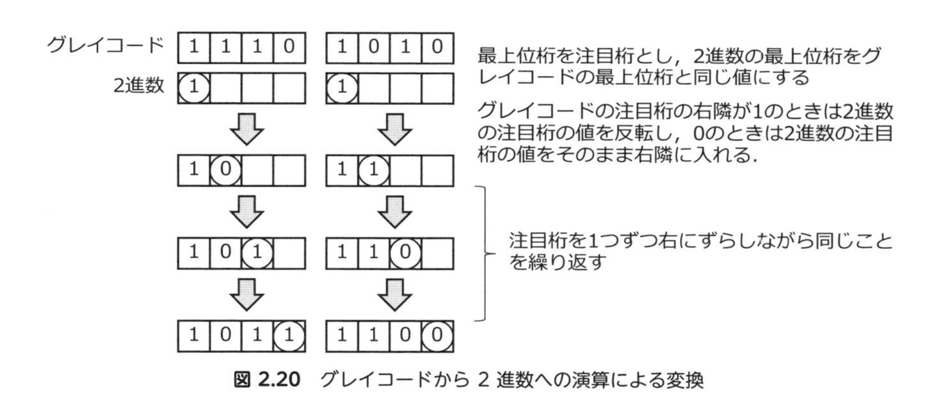

図 2.20　グレイコードから 2 進数への演算による変換

2.9　プログラムの実装例

本節では，フロイド問題を遺伝的アルゴリズムで解くプログラムを C++ で実装する方法について解説します．本来のフロイド問題は，$\sqrt{1}$〜$\sqrt{50}$ の 50 個の数を 2 つの集合に分ける問題ですが，さまざまな難易度の問題を試せるように，$\sqrt{1}$〜$\sqrt{N}$ の N 個の数を 2 つの集合に分ける問題として実装します．

2.9.1　乱数の生成方法

遺伝的アルゴリズムに限らず，乱数を用いて最適解を探索する進化計算アルゴリズムでは，得られる解の精度が生成する乱数の質に左右されます．コンピュータでは，規則性も再現性もない真の乱数を生成することは困難であるため，何らかの確定的な方法で生成した疑似乱数を用います．ここでは，プログラムをより簡単に実装するために，C 言語で用意されている乱数生成関数 rand を用いて，さまざまな乱数を生成する方法についてみていきましょう．rand 関数では簡便な方法で乱数を生成するため，より質の高い乱数を用いたい場合には，メルセンヌツイスタ（Mersenne Twister）などの手法を利用してください．

C 言語の rand 関数は，0 以上 RAND_MAX 以下の整数乱数を返します．RAND_MAX は生成される乱数の最大値を表す定数です．rand 関数を使用するにあたり，stdlib.h をインクルードする必要があります．また，rand 関数の呼出しに先立って，疑似乱数列の開始点を定めるために，乱数初期化関数 srand により乱数の種を設定しなければなりません．実行するたびに異なる乱数が生成されることが求められますので，一般的には，time.h を読み込み，関数 time を用いて**エポック秒**[注4]を乱数の種とします．乱数の種を設定する命令文を以下に示します．この文は最初に一度だけ実行します．

```
srand((unsigned int)time(NULL));
```

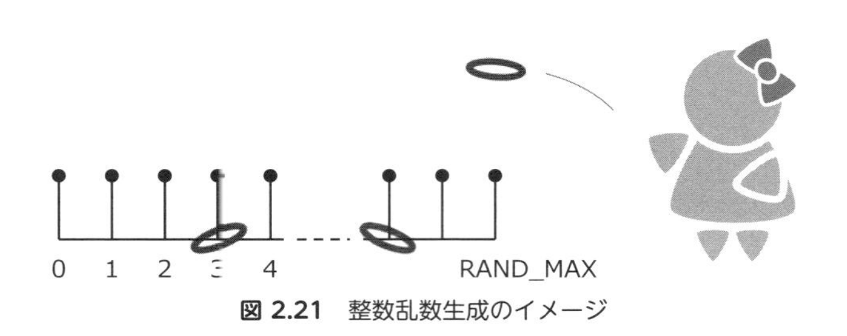

図 2.21　整数乱数生成のイメージ

まず最初に，いろいろな範囲の整数乱数を簡易的に求める方法についてみていきましょう．ここで，整数乱数の生成を図 2.21 のような輪投げに置き換えて考えます．実際の輪投げでは投げた輪がポールに入らないこともありますが，ここ

注4　UCT1970/1/1 00:00:00 からの経過秒．

では投げた輪は必ずいずれかのポールに入るとします．また，輪投げの上手な人はねらったポールに輪を入れることができますが，輪が入るポールはランダムに決まるものとします．各ポールには整数の番号が振られており，輪の入ったポールの番号を生成された乱数とみなすと，ポールに 0 から RAND_MAX までの番号が振られているときの輪投げは，rand 関数で乱数を生成することに相当します．

0 以上 N 以下の整数乱数を生成したいときに rand 関数をそのまま使用すると，$N+1$ 以上 RAND_MAX 以下の値も生成されます．すなわち，$N+1$ から RAND_MAX までのポールにも輪が入る可能性があるということです．そこで，$N+1$ 以上のポールを $N+1$ 本ずつまとめて 0〜N のポールの下に各ポールが縦に揃うように移動し，$N+1$ 以上のポールに輪が入った場合には，その列の一番上のポールに輪が入ったとみなします．例えば，$N=4$ のときは，図 2.22 のように 0 のポールの下に 5，10，…のポール，1 のポールの下に 6，11，…のポール，2 のポールの下に 7，12，…のポールが並び，輪が 12 のポールに入った場合には 2 のポールに入ったとみなします．これによって，生成される乱数は必ず 0 以上 N 以下になります．

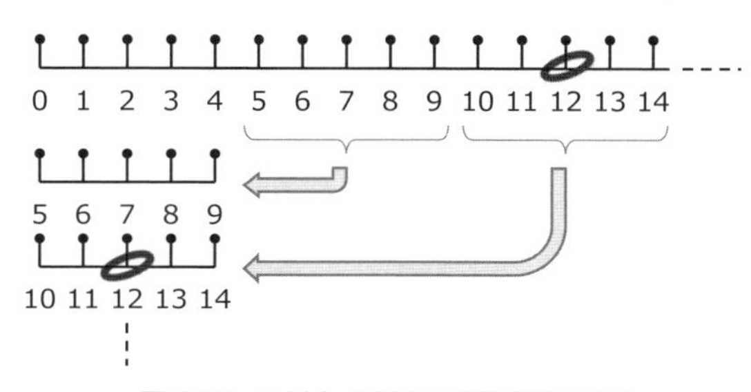

図 2.22 0 以上 4 以下の整数乱数の生成

「その列の一番上のポール」の番号は，輪の入ったポールの番号を被除数，$N+1$ を除数とする整数除算の剰余になっています．したがって，0 以上 N 以下の整数乱数 r1 は以下の文で生成することができます．

```
r1 = rand() % (N + 1);
```

遺伝子の値が 0 または 1 であるような個体を新たに生成するときなど，0 または 1 をランダムに選択した値を r2 にしたい場合は，$N=1$ として次の式を実行します．

```
r2 = rand() % 2;
```

次に，M 以上 N 以下の整数乱数を生成したい場合はどうしたらよいでしょうか．輪投げのポールの番号が M から N までの場合です．番号が 0 から始まっている場合の方法は既に知っていますので，これを活用することを考えます．

図 2.23 に示すように，各ポール番号から M を引いて 0 から始まるようにすると，先ほどの方法で 0 以上 $N-M$ 以下の乱数を生成することができます．ただし，ここで生成される乱数は目的の値よりも M 小さいので，最後に M を足して完成です．以上より，M 以上 N 以下の整数乱数 r3 を生成する文は以下のようになります．

```
r3 = rand() % (N - M + 1) + M;
```

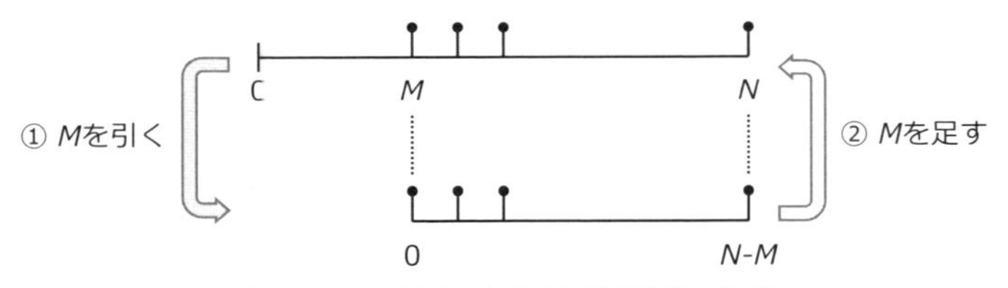

図 2.23　M 以上 N 以下の整数乱数の生成

2 点交叉では 2 つの交叉点をランダムに選択しますが，2 つめの交叉点は 1 つめの交叉点と別の場所にしなくてはなりません．このようなときには，x 以外の 0 以上 N 以下の整数乱数が生成できると便利です．そこで，ポール番号が 0 から $x-1$ まで，および $x+1$ から N までの N 本のポールを対象とする輪投げを考えます．

輪を入れたいポールが番号 x のポールで 2 つに分断されていると扱いにくいので，図 2.24 に示すように，0 から $x-1$ のポールを番号に $N+1$ を足して N の後に移動します．すると，ポールは $x+1$ から $x+N$ までになるので，先ほどと同様に各ポール番号から $x+1$ を引いて 0 から始まるようにし，0 以上 $N-1$ 以下のポールを対象とする輪投げにします．輪を投げた後，各ポール番号に $x+1$

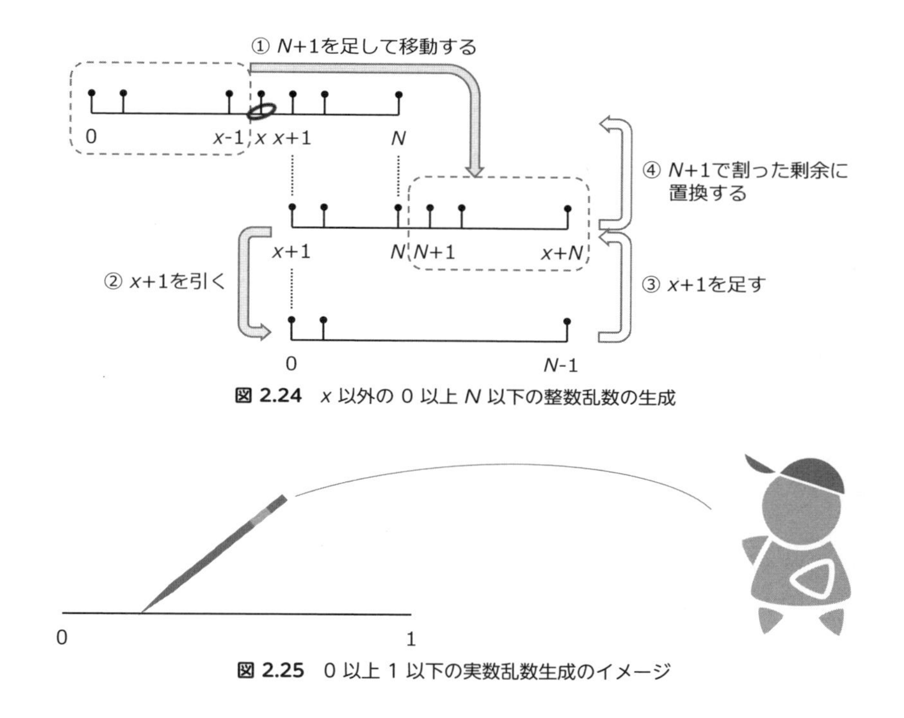

図 2.24 *x* 以外の 0 以上 *N* 以下の整数乱数の生成

図 2.25 0 以上 1 以下の実数乱数生成のイメージ

を足し，$N+1$ で割った剰余に置換します．ポール番号を $N+1$ で割った剰余に置換しても N 以下のポール番号は変化しませんが，$N+1$ から $x+N$ までのポール番号がそれぞれ 0 から $x-1$ に置き換わるので，輪が入ったポールの番号は目的の範囲内の数値になります．以上より，x 以外の 0 以上 N 以下の整数乱数 r4 の式は以下の文で生成できます．

```
r4 = (x + (rand() % N + 1)) % (N + 1);
```

次に，実数乱数を求める方法についてみていきます．実数乱数を考える際には，輪投げではなく図 2.25 のような槍投げをイメージするとよいでしょう．ただし，投げた槍はランダムに選ばれた地点に落ちるとします．線の各位置には，数直線のように実数が割り当てられており，槍の落ちた位置の実数を生成された乱数とみなします．

突然変異など，決められた確率で処理を実行する場合には，0 以上 1 以下の実数乱数を生成し，確率の値以下である場合に実行するようにします．rand 関数の戻り値の最大値が RAND_MAX であることはわかっていますので，rand 関数の戻り値を RAND_MAX で割ると，0 以上 1 以下の実数になります．0 以上 1 以下の実数乱数 r5 を生成する文は以下のようになります．double 型，もしくは float 型にキャストするのを忘れないようにしましょう．

```
r5 = (double)rand() / RAND_MAX;
```

任意の範囲の実数乱数を生成したいこともあります．M 以上 N 以下の実数乱数を生成するときには，生成する乱数の範囲の幅は $N-M$ なので，0 以上 1 以下の乱数に $N-M$ をかけることで 0 以上 $N-M$ 以下の乱数を生成して M を加えると，M 以上 N 以下の実数乱数 r6 を生成することができます．

```
r6 = (double)rand() / RAND_MAX * (N - M) + M;
```

これまでは指定された値以下の乱数の生成についてみてきましたが，指定された値未満の実数乱数を生成するためには，rand 関数が生成した乱数のうち，RAND_MAX 以外の値を使用するようにします．0 以上 N 未満の実数乱数 r7 を生成するプログラム例を以下に記します．

```
do {
    r = rand();
} while(RAND_MAX == r);
r7 = (double)r / RAND_MAX * N;
```

以上の乱数生成の演算を表 2.2 にまとめます．いずれの演算でも整数除算の剰余を活用していますが，このことに関する問題点について考えてみましょう．0 以上 N 以下の整数乱数を生成するときには輪投げのポールを $N+1$ 本ずつまとめて移動する，と説明しましたが，すべてのポールを移動した後の状態はどのようになるでしょうか．RAND_MAX の値が $2^{15}-1=32767$ のときには，図 2.22 で RAND_MAX 番のポールまで移動したときの状態は図 2.26 のようになります．各列のポールの本数は，0〜2 番のポールの列で 6554 本，3 番と 4 番のポールの列で 6553 本となり，列によって異なっていることがわかります．各列のポールに

表 2.2 乱数を簡易的に生成する演算

乱数の範囲と種類	演算
0 以上 N 以下の整数	`rand() % (N + 1)`
M 以上 N 以下の整数	`rand() % (N - M + 1) + M`
x 以外の 0 以上 N 以下の整数	`(x + (rand() % N + 1)) % (N + 1)`
0 以上 1 以下の実数	`(double)rand() / RAND_MAX`
M 以上 N 以下の実数	`(double)rand() / RAND_MAX * (N - M) + M`

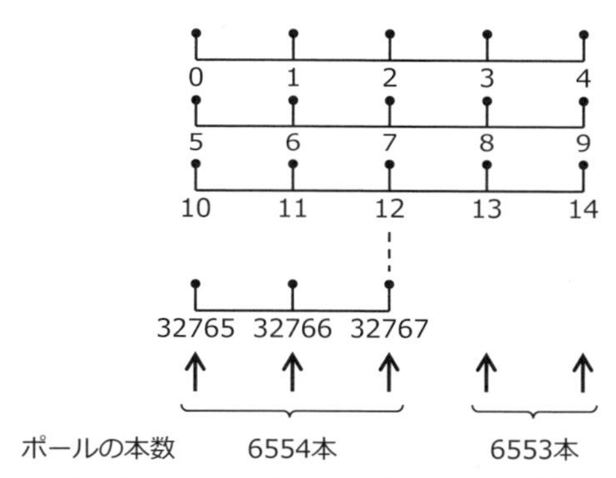

図 2.26 すべてのポールを移動したときの状態

輪が入る確率はポールの本数が多い列ほど高くなるため，各列の一番上のポールに輪が入ったとみなすと，番号の小さいポールに輪が入る確率が高くなります．各列のポールの本数が異なるか否かは N の値に依存し，すべてのポールの本数が $N+1$ で割り切れない場合に偏りが生じます．すなわち，RAND_MAX$+1$ が $N+1$ で割り切れない場合には，小さい数に少し偏った乱数が生成されることになります．

いずれの N の値においても偏りのない乱数を生成するためには，図 2.26 における 32765〜32767 番のポールのように，$N+1$ 本に満たないポールの組が作られないようにします．$N+1$ 本の組になっているポールの最大番号は RAND_MAX$-$(RAND_MAX$+1$)%$(N+1)$ で求められるので，rand 関数でこの値以下の乱数が生成されるまで乱数の生成を繰り返します．0 以上 N 以下の整数乱数 r1 を生成するときのプログラム例を以下に記します．

```
do {
    r = rand();
```

```
} while(RAND_MAX - (RAND_MAX + 1) % (N + 1) < r);
r1 = r % (N + 1);
```

また，0 以上 $N+1$ 未満の実数の整数部分は 0 以上 N 以下であることを利用して，0 以上 N 以下の整数乱数を生成することもできます．プログラム例を以下に記します．

```
do {
    r = rand();
} while(RAND_MAX == r);
r1 = (int)((double)r / RAND_MAX * (N + 1));
```

表 2.2 の rand 関数の戻り値を被除数とする整数除算に関しては，もうひとつ問題点があります．除数が RAND_MAX より大きい場合は，出力されない数が存在するのです．RAND_MAX の値が $2^{15}-1=32767$ で，整数型変数が 32 ビットで表現されている場合には，符号ビットを除く上位 16 ビットが使われずに残されていることになります．そこで，rand 関数の代わりに以下の式を用いることで，整数型変数の全ビットを生かした広範囲の乱数を生成することができます．

```
((rand() << 16) + (rand() << 1) + rand() % 2)
```

2.9.2　個体の染色体

ある問題を遺伝的アルゴリズムで解く際には，まず染色体を設計しなければなりません．フロイド問題の解には各数がいずれの集合に入るかの情報が含まれていればよいので，ナップサック問題のときと同様に考えて，要素数が N 個の整数配列を染色体とし，各要素は 0 か 1 の値を取ることにします．i 番目の遺伝子が 1 のとき $\sqrt{i}$ は集合 A の要素，0 のとき $\sqrt{i}$ は集合 B の要素とみなします．

染色体を表す配列変数 chrom の例を図 2.27 に示します．配列の添え字が 0 から始まるため，chrom[i] が 1 のとき $\sqrt{i+1}$ は集合 A の要素，0 のとき $\sqrt{i+1}$ は集合 B の要素となります．

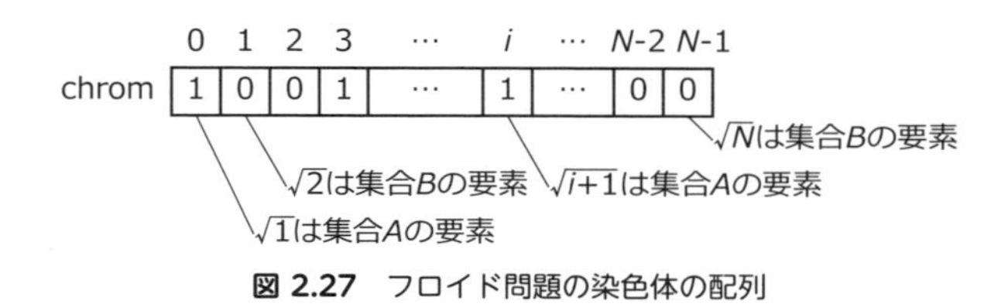

図 2.27 フロイド問題の染色体の配列

2.9.3 適応度関数

先に述べたような染色体で表現される解候補は必ず制約条件を満たすので，目的関数 |(集合 A の要素の和) − (集合 B の要素の和)| をそのまま適応度関数にして，適応度が低いほど良い解であると判断することにします．

ここで，適応度の計算にかかる時間について考えてみましょう．1 つの個体の適応度算出にはそれほど時間がかからなくても，新たな個体が生成されるたびに適応度を求める必要があるので，適応度計算は全体の処理時間を左右します．適応度計算を高速化することで処理時間を短縮できるので，適応度計算の実装には工夫が必要です．

フロイド問題の適応度は，適応度関数が上記のように定義されているとすると，絶対値の中の値を求めた後，絶対値を求める関数を呼び出すことで求められます．適応度関数の絶対値の中の値は，chrom[i] が 1 のときには $\sqrt{i+1}$ を足し，0 のときには $\sqrt{i+1}$ を引く，という処理を i= $0 \sim N-1$ で繰り返すことにより求められますが，この処理をそのままプログラムに書き起こすと，for 文の中に if 文を書くことになります．for 文の繰返し回数だけ if 文が実行されることになり，計算に加えて条件判定の処理が必要になります．

そこで，個体 I の適応度 $fitness(I)$ を求める適応度関数を式 (2.13) により定義してみましょう．

$$fitness(I) = \left| \sum_{i=0}^{N-1} \left\{ (chrom[i] \times 2 - 1) \times \sqrt{i+1} \right\} \right| \qquad (2.13)$$

$chrom[i] \times 2 - 1$ は chrom[i] が 1 のとき 1, 0 のとき −1 になるので，chrom[i] が 1 のときに $\sqrt{i+1}$ を足し，0 のときに $\sqrt{i+1}$ を引くことになります．for 文の中に if 文を書く必要はなく，$(chrom[i] \times 2 - 1) \times \sqrt{i+1}$ を計算すればよいので，処理時間が短くなります．

さらに計算時間を短縮するために，染色体の設計も見直してみましょう．配列変数 chrom の要素を 0 と 1 にしたのは，ナップサック問題を参考にしたからでした．ナップサック問題では配列変数 chrom の要素を 0 と 1 にすると適応度を式 (2.5) により求められるので都合がよかったのですが，フロイド問題では配列変数 chrom の要素を −1 と 1 にすることで式 (2.14) により適応度を求めることができるようになります．

$$fitness(I) = \left| \sum_{i=0}^{N-1} \left\{ chrom[i] \times \sqrt{i+1} \right\} \right| \tag{2.14}$$

遺伝子を実数で表し，chrom[i] は $\sqrt{i+1}$ か $-\sqrt{i+1}$ のいずれかであるとすると，適応度の算出式はさらに簡単になります．

$$fitness(I) = \left| \sum_{i=0}^{N-1} chrom[i] \right| \tag{2.15}$$

以上のように，適応度の算出方法も考慮して染色体を設計することで，効率的な処理を実現することができます．簡単のため，以降では染色体を図 2.27 の通りに表現し，適応度を式 (2.13) で求める場合のコードを例示します．

2.9.4　クラスとメイン関数

オブジェクト指向で遺伝的アルゴリズムを実装するためには，個体群のクラスと個体のクラスを用意するとよいでしょう．前者を Population クラス，後者を Individual クラスとしたときの両クラスのヘッダファイルをそれぞれリスト 2.1，リスト 2.2 に示します．

リスト 2.1　Population クラスのヘッダファイル

```
#include "Individual.h"

class Population
{
public:
    Population();
    ~Population();
    void alternate();           // 世代交代をする
    void printResult();         // 結果を表示する

    Individual **ind;           // 現世代の個体群のメンバ

private:
    void evaluate();            // 個体を評価する
    int select();               // 親個体を選択する
    void sort(int lb, int ub);  // 個体を良い順に並び替える
```

```
    Individual **nextInd;        // 次世代の個体群のメンバ
};
```

リスト 2.2 Individual クラスのヘッダファイル

```
// 標準ヘッダのインクルード
#include <time.h>
#include <stdlib.h>
#include <limits.h>
#include <float.h>
#include <math.h>

// 定数の定義
#define GEN_MAX     1000 // 世代交代数
#define POP_SIZE    1000 // 個体群のサイズ
#define ELITE       1    // エリート保存戦略で残す個体の数
#define MUTATE_PROB 0.01 // 突然変異確率
#define N           64   // 集合の要素となる最大数の平方値

// 0以上1以下の実数乱数
#define RAND_01 ((double)rand() / RAND_MAX)

class Individual
{
public:
    Individual();
    ~Individual();
    void evaluate();                                  // 適応度を算出する
    void crossover(Individual *p1, Individual *p2); // 交叉による子にする
    void mutate();                                    // 突然変異を起こす

    int chrom[N];                                     // 染色体
    double fitness;                                   // 適応度
};
```

現世代の個体群のメンバは，Individual クラスのオブジェクトへのポインタを要素とする配列変数 ind で参照できるようにします．次世代の個体群を生成するたびに Individual クラスのオブジェクトを生成すると処理に時間がかかるので，Population クラスのオブジェクトを作ると同時に次世代の個体群用の領域を確保し，変数 nextInd で参照して，子個体を格納する場所として活用します．また，あらかじめオブジェクトも作っておきます．

Individual クラスのヘッダファイルでは，必要な標準ヘッダをインクルードするほか，define 文で定数の値を定義します．Individual クラスには，個体

の適応度を表す実数型変数 fitness，染色体を表す配列変数 chrom をメンバ変数として用意します．

メイン関数はリスト2.3のようになります．個体群を遺伝的アルゴリズムにより進化させて解を探索するため，主たる処理対象は Population クラスのオブジェクトです．そこで，メイン関数の定義に先立ち，Population.h をインクルードします．メイン関数ではまず，実行のたびに異なる乱数を生成するため，現在時刻を元に乱数の種を設定します．Population クラスのオブジェクトを生成した後，世代交代を GEN_MAX 回繰り返し，最良個体を解として出力します．for 文の中の printf 文では各世代の最良適応度を出力しています．これにより，どのように進化しているかを知ることができますが，処理を速くしたい場合にはこの行を削除したり，何世代かおきに実行したりするとよいでしょう．

リスト 2.3　メイン関数

```
#include "Population.h"

int main()
{
    int i;
    Population *pop;

    srand((unsigned int)time(NULL));

    pop = new Population();
    for(i = 1; i <= GEN_MAX; i++) {
        pop->alternate();
        printf("第%d世代：最良適応度%f\n", i, pop->ind[0]->fitness);
    }
    pop->printResult();
    delete pop;

    return 0;
}
```

2.9.5　Population クラスのメンバ関数

本節では，Population クラスのメンバ関数について解説します．コンストラクタとデストラクタはリスト 2.4 のように書けます．コンストラクタでは，個体群の領域を確保しつつ，初期の個体群を生成し，evaluate 関数を呼び出して初期の個体群の各個体を評価します．次世代の個体群を作る際に使用する領域を確保するために，次世代の個体群の個体も生成します．デストラクタでは，現世代と次世代の個体をすべて削除し，個体群の領域を解放します．

リスト 2.4 Population クラスのコンストラクタとデストラクタ

```
#include "Population.h"

// コンストラクタ
Population::Population()
{
    int i;

    ind = new Individual* [POP_SIZE];
    nextInd = new Individual* [POP_SIZE];
    for(i = 0; i < POP_SIZE; i++) {
        ind[i] = new Individual();
        nextInd[i] = new Individual();
    }
    evaluate();
}

// デストラクタ
Population::~Population()
{
    int i;

    for(i = 0; i < POP_SIZE; i++) {
        delete ind[i];
        delete nextInd[i];
    }
    delete [] ind;
    delete [] nextInd;
}
```

evaluate 関数では，Individual クラスの evaluate 関数によりすべての個体の適応度を求めた後で，sort 関数を呼び出して個体群内の個体を適応度の昇順，すなわち良い順に並べ替えます．リスト 2.5 に evaluate 関数と sort 関数を示します．ここでの sort 関数では，クイックソートにより個体を並べ替えていますが，バブルソートなど他のアルゴリズムで並べ替えてもよいでしょう．

リスト 2.5 Population クラスの evaluate 関数と sort 関数 (クイックソート)

```
// すべての個体を評価して，適応度順に並び替える
void Population::evaluate()
{
```

```
    int i;

    for(i = 0; i < POP_SIZE; i++) {
        ind[i]->evaluate();
    }
    sort(0, POP_SIZE - 1);
}

// ind[lb]～ind[ub]をクイックソートで並び替える
// lb: 並び替えの対象要素の添え字の下限
// ub: 並び替えの対象要素の添え字の上限
void Population::sort(int lb, int ub)
{
    int i, j, k;
    double pivot;
    Individual *tmp;

    if(lb < ub) {
        k = (lb + ub) / 2;
        pivot = ind[k]->fitness;
        i = lb;
        j = ub;
        do {
            while(ind[i]->fitness < pivot) {
                i++;
            }
            while(ind[j]->fitness > pivot) {
                j--;
            }
            if(i <= j) {
                tmp = ind[i];
                ind[i] = ind[j];
                ind[j] = tmp;
                i++;
                j--;
            }
        } while(i <= j)
        sort(lb, j);
        sort(i, ub);
    }
}
```

世代交代をする alternate 関数の例をリスト 2.6 に示します．ここでは，上位 ELITE 個をエリート保存戦略によりそのまま残し，残りの個体は select 関数により選ばれた 2 つの親を使って交叉により生成しています．また，最良個体以外に突然変異の処理を施します．次世代の個体群の生成方法によって最適解への到達可能性が左右されますので，select 関数での親の選び方，Individual クラスの crossover 関数での交叉方法，生成された子個体の置き換え方などを吟味する必要があります．次世代の個体群が生成できたら現世代の個体群の個体と入れ替え，evaluate 関数により各個体を評価します．

リスト 2.6　Population クラスの alternate 関数

```
// 世代交代をする
void Population::alternate()
{
    int i, j, p1, p2;
    Individual **tmp;

    // エリート保存戦略で子個体を作る
    for(i = 0; i < ELITE; i++) {
        for(j = 0; j < N; j++) {
            nextInd[i]->chrom[j] = ind[i]->chrom[j];
        }
    }

    // 親を選択し交叉する
    for(; i < POP_SIZE; i++) {
        p1 = select();
        p2 = select();
        nextInd[i]->crossover(ind[p1], ind[p2]);
    }

    // 突然変異を起こす
    for(i = 1; i < POP_SIZE; i++) {
        nextInd[i]->mutate();
    }

    // 次世代を現世代に変更する
    tmp = ind;
    ind = nextInd;
    nextInd = tmp;

    // 評価する
    evaluate();
}
```

以降で例示している select 関数では，他方の親としてどの個体が選ばれたかは考慮せず，2 つの個体を独立に選択しています．p1 と p2 が等しくなる可能性があるということです．異なる個体を交叉させたい場合には，p2 を決めるときに p1 を候補から外す処理が必要となります．

リスト 2.7 はランキング選択で個体を 1 つ選択する場合の select 関数の実装例です．変数 denom は式 (2.9) の分母の値であり，変数 r は 1 以上 denom 以下の整数乱数です．ここでは，RAND_MAX の値が 32767 で，整数型変数は 32 ビットで表現されているときを想定し，POP_SIZE の値が $(\sqrt{1+8\times 32767}-1)/2 = 255.49\cdots$ より大きい場合には，denom は RAND_MAX より大きくなるので，左シフトしながら rand 関数を 3 回呼び出して r を求めています．式 (2.9) の確率で各順位の個体を選択することは，順位が 1〜POP_SIZE 位であることを表すポールをそれぞれ POP_SIZE〜1 本ずつ，合計 denom 本のポールを並べた輪投げを考え，輪が入ったポールに対応する順位の個体を選択することに相当します．

リスト 2.7　Population クラスの select 関数（順位に基づくランキング選択）

```
// 順位に基づくランキング選択で親個体を1つ選択する
// 戻り値: 選択した親個体の添え字
int Population::select()
{
    int num, denom, r;

    denom = POP_SIZE * (POP_SIZE + 1) / 2;
    r = ((rand() << 16) + (rand() << 1) + (rand() % 2)) % denom + 1;
    for(num = POP_SIZE; 0 < num; num--) {
        if(r <= num) {
            break;
        }
        r -= num;
    }
    return POP_SIZE - num;
}
```

個体数が 5 個の場合のランキング選択の過程を図 2.28 に示します．15 本のポールは左から順に 1〜5 位を表し，10 番のポールに輪が入ったとします．まず，1 位を表す 5 本のポールに着目すると，輪が入ったポールより左側にあるので，選択された順位は 1 位ではないと判断して 1 位を表す 5 本のポールを取り除き，ポール番号を振り直します．次に，2 位を表す 4 本のポールに着目すると，輪が入ったポールより左側にあるので，選択された順位は 2 位ではないと判断して 2 位を表す 4 本のポールを取り除き，ポール番号を振り直します．すると，輪が入ったポールは 3 位を表す 3 本のポールに含まれるので，選択された順位は 3 位と判断します．

この処理をプログラムで実装するために，一番左に書かれている順位の個体 I_k の選択確率の算出式 (2.9) において，分数の分子 $M - rank(I_k) + 1$ を変数 num で表すことにします．すなわち，一番左に書かれている順位を表すポールの数が num であり，最初は 1 位が一番左に書かれているので num= 5 となります．一番左に書かれている順位のポールが，輪が入ったポールより左側にあるということは，num が r 未満であるということになります．したがって，r から num を引き，num を 1 減らすという処理を num が r 以上になるまで繰り返すことで，生成された乱数が何位に相当するかを求めることができます．繰返しが終わったときの POP_SIZE−num+1 が求める順位です．ただし，プログラムでは配列変数 chrom の添え字を求めるため，リスト 2.7 の select 関数では POP_SIZE−num が戻り値になっています．

輪投げの代わりに槍投げで考えると，リスト 2.8 のように確率に基づいて select 関数を実装することもできます．大まかな流れはリスト 2.7 と同じですが，生成する乱数 r が実数乱数である点，変数 num の代わりに注目している順位を表す変数 rank とその確率を表す変数 prob を用いている点が異なります．変数 r は 0 以上 1 以下の実数乱数なので，0 以上 1 以下の数直線への槍投げを考えます．長さの比が式 (2.9) の確率の比になるように，数直線を 1〜POP_SIZE 位を表す部分に分割し，槍が落ちた位置に対応する順位の個体を選択します．select 関数の戻り値は配列変数 chrom の添え字なので，戻り値は rank−1 です．

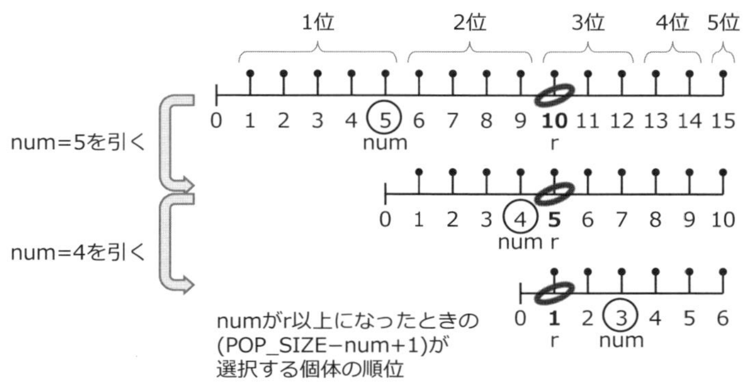

図 2.28　順位に基づくランキング選択の処理過程

リスト 2.8　Population クラスの select 関数（確率に基づくランキング選択）

```
// 確率に基づくランキング選択で親個体を1つ選択する
// 戻り値: 選択した親個体の添え字
int Population::select()
{
    int rank, denom;
    double prob, r;

    denom = POP_SIZE * (POP_SIZE + 1) / 2;
    r = RAND_01;
    for(rank = 1; rank < POP_SIZE; rank++) {
        prob = (double)(POP_SIZE - rank + 1) / denom;
        if(r <= prob) {
            break;
        }
        r -= prob;
    }
    return rank - 1;
}
```

個体数が 5 個の場合の確率に基づくランキング選択の過程を図 2.29 に示します．0 以上 1 以下の数直線は，式 (2.9) の確率に応じて左から順に 1〜5 位の部分に分割されており，3 位の部分に槍が落ちたとします．図 2.28 では，輪が入ったポールが注目している順位のポールに含まれるようになるまで，輪が入ったポールより左側にあるポールを次々と取り除きました．ここでは，槍が落ちた位置が注目している順位の部分に含まれるようになるまで，槍が落ちた位置より左側にある部分を消していきます．r の比較や更新には，num の代わりに prob を用います．

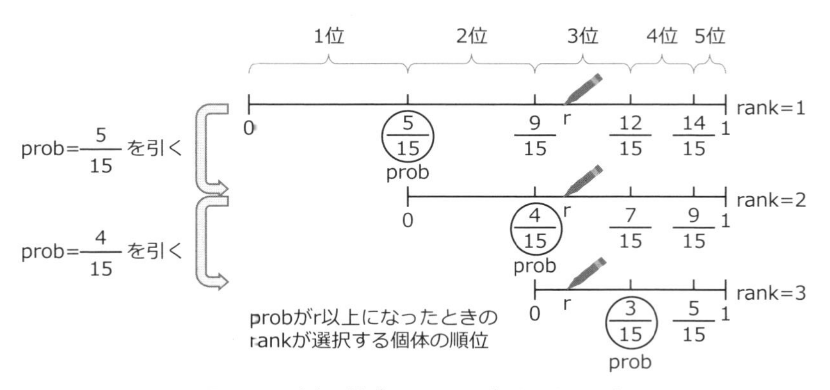

図 2.29　確率に基づくランキング選択の処理過程

フロイド問題では適応度が低いほど良い解であるため，適応度をそのまま式 (2.6) に代入した選択確率では最適解を探索することができません．式 (2.8) により適応度が高いほど良い解となるように適応度を変換することで，ルーレット選択が適用できるようになります．このために，適応度を変換した値を格納する配列変数 trFit と，式 (2.6) の分母の値を格納する変数 denom を Population クラスの private メンバ変数として宣言します．Population クラスのヘッダファイルでの記述は以下の通りです．

```
double trFit[POP_SIZE]; // 適応度を変換した値
double denom;           // ルーレット選択の確率を求めるときの分母
```

値の変換は Population クラスの alternate 関数で行なうとよいでしょう．alternate 関数の冒頭，エリート保存戦略の前に以下の記述を追加します．

```
// ルーレット選択のための処理
denom = 0.0;
for(i = 0; i < POP_SIZE; i++) {
    trFit[i] = (ind[POP_SIZE - 1]->fitness - ind[i]->fitness)
               / (ind[POP_SIZE - 1]->fitness - ind[0]->fitness);
    denom += trFit[i];
}
```

以上の変更に加え，リスト 2.9 のように select 関数を実装すると，ルーレット選択での個体の選択が実現できます．手順の考え方は，確率に基づくランキング選択と同様です．

リスト 2.9　Population クラスの select 関数（ルーレット選択）

```
// ルーレット選択で親個体を1つ選択する
// 戻り値: 選択した親個体の添え字
int Population::select()
{
    int rank;
    double prob, r;

    r = RAND_01;
    for(rank = 1; rank < POP_SIZE; rank++) {
        prob = trFit[rank - 1] / denom;
        if(r <= prob) {
```

```
            break;
        }
        r -= prob;
    }
    return rank - 1;
}
```

トーナメント選択で個体を 1 つ選択する場合の select 関数の実装例をリスト 2.10 に示します．Individual クラスのヘッダファイルに以下の記述を追加し，トーナメントサイズを表す定数 TOURNAMENT_SIZE の値を定義する必要があります．

リスト 2.10　Population クラスの select 関数（トーナメント選択）

```
// トーナメント選択で親個体を1つ選択する
// 戻り値: 選択した親個体の添え字
int Population::select()
{
    int i, ret, num, r;
    double bestFit;
    int tmp[N];

    for(i = 0; i < N; i++) {
        tmp[i] = 0;
    }
    ret = -1;
    bestFit = DBL_MAX;
    num = 0;
    while(1) {
        r = rand() % N;
        if(tmp[r] == 0) {
            tmp[r] = 1;
            if(ind[r]->fitness < bestFit) {
                ret = r;
                bestFit = ind[r]->fitness;
            }
            if(++num == TOURNAMENT_SIZE) {
                break;
            }
        }
    }
    return ret;
}
```

```
#define TOURNAMENT_SIZE 30 // トーナメントサイズ
```

異なる TOURNAMENT_SIZE 個の個体を選択するために，配列変数 tmp を使用します．最初にすべての要素を 0 に初期化し，選択された個体に相当する要素を 1 にすることで，既に選択された個体が再び選択されたときに選び直せるようにします．また，それまでに選択された個体のうち，最も良い個体の添え字を変数 ret，その適応度を bestFit で保持し，新しい個体が選択されるたびに更新することで，TOURNAMENT_SIZE 個の個体が選択されたときにはどの個体が最良かがわかるようにします．

リスト 2.11　Population クラスの printResult 関数

```
// 結果を表示する
void Population::printResult()
{
    int i;

    printf("集合A：");
    for(i = 0; i < N; i++) {
        if(ind[0]->chrom[i] == 1) {
            printf("√%d ", i + 1);
        }
    }
    printf("\n集合B：");
    for(i = 0; i < N; i++) {
        if(ind[0]->chrom[i] == 0) {
            printf("√%d ", i + 1);
        }
    }
    printf("\n差：%f\n", ind[0]->fitness);
}
```

2.9.6　Individual クラスのメンバ関数

本節では，Individual クラスのメンバ関数の実装例を示します．コンストラクタとデストラクタはリスト 2.12 のように書けます．コンストラクタでは，染色体の各遺伝子の値をランダムに設定し，適応度の値を 0.0 に初期化します．コンストラクタで領域を確保していないので，デストラクタでの処理はありません．

リスト 2.12　Individual クラスのコンストラクタとデストラクタ

```
#include "Individual.h"

// コンストラクタ
Individual::Individual()
{
    int i;

    for(i = 0; i < N; i++) {
        chrom[i] = rand() % 2;
    }
    fitness = 0.0;
}

// デストラクタ
Individual::~Individual()
{
}
```

リスト 2.13 は式 (2.13) により適応度を求める evaluate 関数です．平方根を求める sqrt 関数の引数は double 型なので，変数 i はキャストが必要です．

リスト 2.13　Individual クラスの evaluate 関数

```
// 適応度を算出する
void Individual::evaluate()
{
    int i;

    fitness = 0.0;
    for(i = 0; i < N; i++) {
        fitness += (chrom[i] * 2 - 1) * sqrt((double)i + 1);
    }
    fitness = fabs(fitness);
}
```

crossover 関数では，2 つの親個体を交叉して子個体を生成します．交叉方法を一点交叉，二点交叉，一様交叉とする crossover 関数の実装例をそれぞれリスト 2.14，リスト 2.15，リスト 2.16 に示します．引数 p1，p2 が指している Individual クラスのオブジェクトが親個体となり，この関数が呼び出されたオブジェクトが生成された子個体となります．リスト 2.14 の point，リスト 2.15 の point1 と point2 は，表 2.2 に示した演算で乱数を生成して決めた交叉点です．二点交叉では，point1 が point2 より小さい値になるようにしています．

リスト 2.16 では，ランダムに値を決めたビット列を使用する代わりに，各遺伝子ごとにどちらの親個体の遺伝子を受け継ぐかを決めています．

リスト 2.14　Individual クラスの crossover 関数（一点交叉）

```
// p1とp2から一点交叉で作った子にする
// p1: 親個体1
// p2: 親個体2
void Individual::crossover(Individual *p1, Individual *p2)
{
    int point, i;

    point = rand() % (N - 1);
    for(i = 0; i <= point; i++) {
        chrom[i] = p1->chrom[i];
    }
    for(; i < N; i++) {
        chrom[i] = p2->chrom[i];
    }
}
```

リスト 2.15　Individual クラスの crossover 関数（二点交叉）

```
// p1とp2から二点交叉で作った子にする
// p1: 親個体1
// p2: 親個体2
void Individual::crossover(Individual *p1, Individual *p2)
{
    int point1, point2, tmp, i;

    point1 = rand() % (N - 1);
    point2 = (point1 + (rand() % (N - 2) + 1)) % (N - 1);
    if(point1 > point2) {
        tmp = point1;
        point1 = point2;
        point2 = tmp;
    }
    for(i = 0; i <= point1; i++) {
        chrom[i] = p1->chrom[i];
    }
    for(; i <= point2; i++) {
        chrom[i] = p2->chrom[i];
    }
    for(; i < N; i++) {
        chrom[i] = p1->chrom[i];
    }
}
```

リスト 2.16 Individual クラスの crossover 関数（一様交叉）

```
// p1とp2から一様交叉で作った子にする
// p1: 親個体1
// p2: 親個体2
void Individual::crossover(Individual *p1, Individual *p2)
{
    int i;

    for(i = 0; i < N; i++) {
        if(rand() % 2 == 1) {
            chrom[i] = p1->chrom[i];
        } else {
            chrom[i] = p2->chrom[i];
        }
    }
}
```

リスト 2.17 は確率 MUTATE_PROB で突然変異を起こす mutate 関数です．各遺伝子ごとに 0 以上 1 以下の実数乱数を生成し，MUTATE_PROB 以下の場合にその遺伝子の値を反転します．遺伝子の値が 1 のときは 0，0 のときは 1 にすればよいのですが，if 文を使わなくても，遺伝子の値を 1 から引くことで値を反転することができます．

リスト 2.17 Individual クラスの mutate 関数

```
// 突然変異を起こす
void Individual::mutate()
{
    int i;

    for(i = 0; i < N; i++) {
        if(RAND_01 < MUTATE_PROB) {
            chrom[i] = 1 - chrom[i];
        }
    }
}
```

2.9.7　進化戦略とパラメータ

以上のプログラムを実行すると，各世代の最良適応度が表示され，最後に得られた解が表示されます．今回は交叉に使用する親個体をすべての個体から選択しましたが，選択する範囲を上位 2 分の 1 に限定するなどの方法も考えられます．

また，親の選択方法と交叉方法の組合せを変えたり，パラメータの値を変更したりすることで，個体群内の個体が収束する過程や得られる解の分散，処理時間などを変動させることができます．世代ごとに使用する遺伝オペレータを切り替えることも可能です．各遺伝オペレータの特徴を考慮して，目的に合うように実装してみましょう．

第3章

アントコロニー最適化

3.1 アリの採餌行動

アリは社会性昆虫と呼ばれる昆虫の一種で，**コロニー**（colony）を形成し，それぞれの個体が女王アリ，働きアリ，兵隊アリなど異なる役割を担って生活しています．生殖活動をするのは女王アリのみで，他のアリはコロニーの生活を維持するために行動します．といっても，すべての働きアリが働いているわけではなく，一部の働きアリは働いていないのですが，実は働かないアリの存在がコロニーの維持には必要だったりします．他にもアリの生態には興味深いことがたくさんありますが，ここでは採餌行動に着目してみましょう．

アリは餌を見つけると，**道しるべフェロモン**（trail pheromone）と呼ばれる化学物質を地面に付けながら餌を巣に運びます．以下では，フェロモンという言葉を道しるべフェロモンの意で使うことにします．フェロモンにはアリを惹きつける性質があるので，アリは餌場に向かうときや，新しい餌場を探すときに，フェロモンが付着している経路をたどる傾向があります．また，フェロモンは揮発性物質であり，時間の経過とともに蒸発するため，巣に到着したときの餌場付近に残っているフェロモン量を長い経路と短い経路で比較すると，短い経路のほうに多くフェロモンが残ることになります．

例えば，アリ A は 5 m の経路 α，アリ B は 10 m の経路 β を往復して餌場から巣に餌を運ぶとしましょう．2 匹のアリが同じ回数だけ餌場と巣の間を往復したときには，アリ A よりもアリ B のほうが時間がかかるので，経路上の各地点に残されたフェロモンは，時間が長くかかって蒸発した分だけ経路 β のほうが少なくなります．次に，2 匹のアリが同じ時間往復したときを考えてみると，フェロモンの蒸発量は等しくなりますが，経路上の各地点を通過する回数はアリ A よりもアリ B のほうが少なくなるので，経路上の各地点に残されたフェロモンは経路 β のほうが少なくなります．

アリはより多くのフェロモンが付着した経路に引き寄せられ，自身もフェロモンを付けながら歩くので，短い経路のフェロモンは増強され，長い経路のフェロモンは蒸発して消滅し，最終的にはほとんどのアリが最短経路を歩くようになります．図 3.1 のような 3 種類の経路がある場合には，最も短い経路にアリが集中しますが，図 3.2 のように最短経路上に障害物を置くと，障害物を回避する迂回

図 3.1　アリの採餌行動

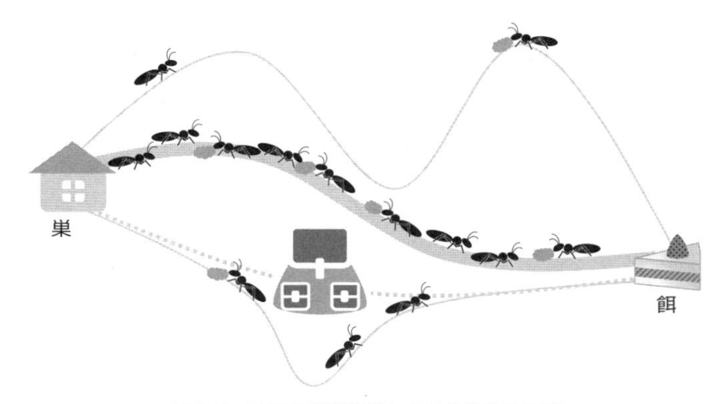

図 3.2　アリの採餌行動における障害物回避

路は最短経路ではないので，別の経路にアリが集中するようになります．このように，多くのアリが歩いている経路は「その時点での」最短経路を表しているといえます．

3.2 基本アルゴリズム

アントコロニー最適化（ant colony optimization: **ACO**）は 1992 年に Marco Dorigo が博士論文で提案した手法で，アリが巣と餌場の間の最短経路を歩くようになる過程にヒントを得た最適解探索アルゴリズムです．問題の条件が変化しても処理を継続できるので，状況が変化するような経路探索にも適用できます．

遺伝的アルゴリズムをモデル化したときと同様に，アリの採餌行動のうち，着目する特徴を選別し，単純化してモデル化します．ここで着目する点は以下の 3 つです．

- アリはフェロモンを付けながら移動する．
- フェロモン量の多い経路ほどアリに選択されやすい．
- フェロモンは時間経過とともに蒸発する．

実際には，アリは他のアリとタイミングを合わせずに巣と餌場を往復します．また，フェロモンは分泌した直後に経路上に追加され，蒸発を始めますが，アルゴリズムを考える際には以下のように単純化します．

1. すべてのアリが一斉に巣から餌場に向かう．
2. 通過時刻の差による各地点のフェロモン蒸発量の差は考えない．
3. 1 匹のアリが 1 回の移動で分泌するフェロモンの総量は一定とする．
4. 経路上のフェロモンは，すべてのアリの移動が終わった後で更新される．
5. 餌場から巣への移動は考えない．

2 のように通過時刻の差を考慮しない分，3 のようにフェロモンの分泌総量を一定にすることで，短い経路ほど巣に到着したときの餌場付近に残っているフェロモン量が多くなるという性質を表現します．

巣と餌場の間には複数の地点，および 2 地点を結ぶ複数の道があり，アリが通る経路はいくつかの道をつなぎ合わせて表現します．すると，アリの採餌行動の場は，地点を**ノード**（node），2 地点間の道を**エッジ**（edge）[注1]とするグラフ[注2]により表現することができます．巣を表すノードを v_S，餌場を表すノードを v_G とすると，アリが通る経路は $\langle v_S, v_G \rangle$ 路，すなわち v_S から v_G までの**パス**（path）[注3]として表現されます．

各エッジには，アリが通る経路を選択するときの選ばれやすさを左右するヒューリスティック情報が与えられているものとします．そのエッジが選ばれやすくしたいときに大きくなるような値をヒューリスティック情報とします．例え

注1　2 つのノードを結ぶ線がエッジです．エッジ e がノード v_m，v_n を結んでいるとき，v_m と v_n は e の**端点**であり，v_m と v_n はそれぞれ e と**接続**しているといいます．また，v_m と v_n は**隣接**しているといいます．

注2　グラフはノードの集合とエッジの集合から構成される構造です．

注3　隣接するノードが隣り合うようにノードを並べた列のうち，すべてのノードが異なる列を**パス**といいます．

ば，短いエッジほど選ばれやすくしたい場合には，2 地点間の距離の逆数を使います．選択するエッジをフェロモン量のみで決める場合には，すべてのエッジに同じ値を与えます．

基本アルゴリズムのフローチャートを図 3.3 に示します．各エッジのフェロモンを初期化した後で，すべてのアリの通る経路をエッジのフェロモン量とヒューリスティック情報に応じて確率的に決めます．すべてのエッジのフェロモンを同じ値で初期化することで，各アリの最初の経路をランダムに決めることができます．すべてのアリの経路が得られたら，経路の長さに基づいて各アリが各エッジに分泌するフェロモン量を算出し，フェロモンの蒸発も含めて各エッジのフェロモン量を更新します．終了条件が満たされるまで経路選択とフェロモンの更新を繰り返し，終了条件が満たされたらその時点での最短経路，あるいは各エッジのフェロモン量を出力します．終了条件としては，一定回数の繰返しを終える，目標とする距離の経路が得られる，最短経路が一定期間変化しない，などを指定します．

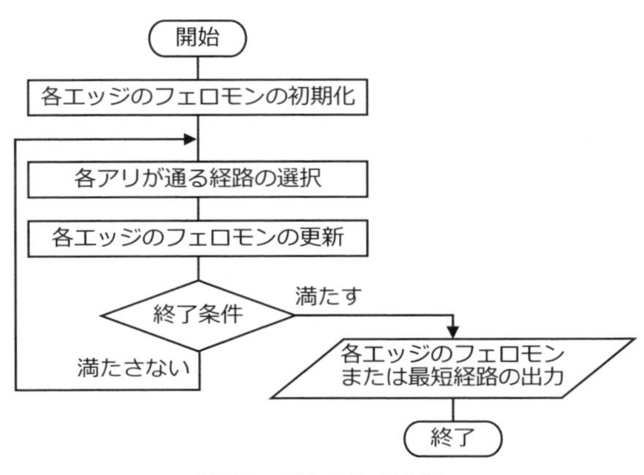

図 3.3　基本アルゴリズム

3.3　経路選択

各アリが通る経路は，巣を表すノードから餌場を表すノードに至るまで，1 つずつ隣接するノードを選択することで決定します．まず，巣を表すノード v_S に接続しているエッジから次にたどるエッジを 1 つ選択し，v_S ではないほうの端点 v_j を次に進むノードとします．このとき，フェロモン量が多く，ヒューリスティック情報の値が大きいエッジほど選ばれやすくなるようにします．次に，v_j と未訪問のノードの両方に接続しているエッジから次にたどるエッジを選択し，v_j の次に進むノードを決めます．この処理を餌場を表すノード v_G にたどり着くまで，あるいは次にたどるエッジが選択できなくなるまで繰り返します．

繰返し回数を t と表すとき，サイクル t においてノード v_i にいるアリ A_k がノード v_j に進む確率 $p_{ij}^k(t)$ は式 (3.1) で算出されます．

$$p_{ij}^k(t) = \begin{cases} \dfrac{\phi_{ij}(t)^\alpha {h_{ij}}^\beta}{\displaystyle\sum_{v_l \in \Omega_{ik}} \phi_{il}(t)^\alpha {h_{il}}^\beta} & v_j \in \Omega_{ik} \\ 0 & \text{otherwise} \end{cases} \tag{3.1}$$

ここで，ノード v_i，v_j に接続するエッジを e_{ij} とするとき，$\phi_{ij}(t)$ はサイクル t における e_{ij} のフェロモン量，h_{ij} は e_{ij} のヒューリスティック情報，Ω_{ik} はアリ A_k の未訪問ノードのうち v_i と隣接しているノードの集合，α と β はフェロモンとヒューリスティック情報を考慮する度合いを制御するためのパラメータです．e_{ij} が存在しない場合の h_{ij} は 0 に設定して確率を 0 になるようにすると，すべてのノードのペアについて確率を求めることができ，存在するエッジの中からフェロモン量とヒューリスティック情報をもとに次にたどるエッジを選択することができます．

しかし，経路に含まれるすべてのエッジをフェロモン量に基づいて選択すると，初期段階でたまたま選択されたエッジのフェロモン量が多くなり，最短ではない経路にアリが集中する可能性があります．そこで，ある確率で次にたどるエッジをランダムに選択することで，採餌行動の場における経路を隈なく探索できるようにします．

3.4 フェロモンの分泌と更新

「1 匹のアリが 1 回の移動で分泌するフェロモンの総量は一定にする」ということで，一定量のフェロモンをアリが通ったエッジに均等に分配します．サイクル t においてアリ A_k がエッジ e_{ij} に分泌するフェロモン量 $\Delta\phi_{ij}^k(t)$ は式 (3.2)

により求めます．

$$\Delta\phi_{ij}^{k}(t) = \begin{cases} \dfrac{Q}{l_k(t)} & e_{ij} \in E_k(t) \\ 0 & \text{otherwise} \end{cases} \tag{3.2}$$

ここで，$E_k(t)$ はサイクル t でアリ A_k が通るエッジの集合，Q は 1 匹のアリが 1 サイクルで分泌するフェロモンの総量，$l_k(t)$ はサイクル t におけるアリ A_k の経路長を表す定数です．各エッジにおけるフェロモンの分泌量が求まったら，サイクル $t+1$ におけるエッジ e_{ij} のフェロモン量 $\phi_{ij}(t+1)$ を式 (3.3) により算出します．

$$\phi_{ij}(t+1) = \rho\phi_{ij}(t) + \sum_{k=1}^{N} \Delta\phi_{ij}^{k}(t) \tag{3.3}$$

ここで，N はアリの数，ρ は 1 サイクルの間にフェロモンが蒸発する割合を示す蒸発係数です．式 (3.3) 右辺の第 1 項は，サイクル t の間に蒸発せずに残ったフェロモン量を表します．第 2 項は，サイクル t の間に各アリがエッジ e_{ij} に分泌したフェロモンの総量を表します．

式 (3.1)〜(3.3) により，アリの採餌行動の特徴を取り入れた最短経路探索を実現することができます．

3.5　プログラムの実装例

本節では，アントコロニー最適化により巡回セールスマン問題の解を探索するプログラムを C++ で実装する方法について解説します．巡回セールスマン問題では営業所を出発して営業所に戻る経路を求めるので，都市をノード，都市間の移動コストをノード間の距離として，与えられたすべてのノードを含む**閉路** (cycle)[注4]を求めます．いずれの都市間も移動が可能であるため，各ノードはすべての他のノードと隣接しているといえます．ここでは，都市間の移動コストを都市間の距離とし，都市 C_i から都市 C_j に向かうときの移動コストと，都市 C_j から都市 C_i に向かうときの移動コストは等しいものとして，距離の逆数をヒューリスティック情報として使用することにします．

注4　隣接するノードが隣り合うようにノードを並べた列のうち，始点と終点が同じノードで，それ以外のノードはすべて異なる列を閉路といいます．

3.5.1　クラスとメイン関数

オブジェクト指向によるアントコロニー最適化の実装のために必要なクラスは，コロニーのクラス，アリのクラス，およびアリの採餌行動の場のクラスです．3 つのクラスをそれぞれ Colony クラス，Ant クラス，Field クラスとしたときの各クラスのヘッダファイルをリスト 3.1，リスト 3.2，リスト 3.3 に示します．また，メイン関数はリスト 3.4 のようになります．

リスト 3.1　Colony クラスのヘッダファイル

```
#include "Ant.h"
class Ant;

class Colony
{
public:
    Colony(char *fileName);
    ~Colony();
    void selectRoute();      // 経路を選択する
    void renewPheromone(); // フェロモン量を更新する
    void printPheromone(); // フェロモン量を表示する

    Field *field;            // 採餌行動の場
    Ant **ant;               // コロニーのメンバ
    double **nume;           // 経路選択確率の分子
};
```

コロニーのメンバは Ant クラスのオブジェクトへのポインタを要素とする配列変数 ant で参照できるようにします．Ant クラスのオブジェクトでは，Colony クラスのオブジェクトへのポインタ colony により，自身が属しているコロニーを参照しています．Colony クラスと Ant クラスは互いに参照しているので，ヘッダファイルで前方宣言をしています．

Colony クラスのメンバ変数には，ant の他に，採餌行動の場を参照するポインタ field，経路選択確率の分子を格納する 2 次元配列 nume があります．次に進むノードを 1 つずつ選択していくときに式 (3.1) の確率を使用しますが，この式の分子の値は何度も使用するので，nume に格納しておいて使用します．i 番のノードにいるアリが j 番のノードに進む確率の分子が nume[i][j] に入ります．

リスト 3.2 Ant クラスのヘッダファイル

```
#include "Field.h"
#include "Colony.h"
class Colony;

// 定数の定義
#define REPEAT_NUM 1000 // 繰返し数
#define ANT_NUM    100  // アリの数
#define PHERO_Q    10   // 1回の巡回で分泌するフェロモン量
#define EVA_R      0.05 // フェロモンの蒸発率
#define PHERO_R    0.95 // フェロモンに基づいて経路を選択する確率
#define PHERO_L    1    // フェロモンを考慮する度合い
#define HEU_L      1    // ヒューリスティック情報を考慮する度合い

// 0以上1以下の実数乱数
#define RAND_01 ((double)rand() / RAND_MAX)

class Ant
{
public:
    Ant(Colony *argColony);
    ~Ant();
    void selectRoute();  // 経路を選択する
    void putPheromone(); // フェロモンを分泌する

    Colony *colony;      // 属しているコロニー
    int *route;          // 経路
    double totalDis;     // 総移動距離

private:
    int *candidate;      // 未訪問ノード
};
```

Ant クラスには，colony の他に，アリの現在の経路を表す route，現在の経路の総移動距離を表す totalDis というメンバ変数があります．また，次に進むノードを 1 つずつ選択していくときに，各ノードが既に選択されたか否かを保持するための配列 candidate を用意します．i 番のノードが既に選ばれているとき candidate[i] は 0，まだ選ばれていないとき 1 になります．

Ant クラスのヘッダファイルでは，define 文で必要な定数の値と 0 以上 1 以下の実数乱数を生成する式を定義し，Field クラスのヘッダファイルをインクルードします．Field クラスのメンバ関数でも標準ヘッダが必要な処理を実行するので，必要な標準ヘッダのインクルードは Field.h に書きます．

リスト 3.3　Field クラスのヘッダファイル

```
// 標準ヘッダのインクルード
#include <time.h>
#include <stdlib.h>
#include <string.h>
#include <float.h>
#include <math.h>

class Field
{
public:
    Field(char *fileName);
    ~Field();

    int nodeNum;          // ノード数
    double **distance;    // ノード間距離
    double **pheromone;   // エッジのフェロモン量
};
```

Field クラスには，ノード数を表す nodeNum，ノード間の距離を格納する配列変数 distance，エッジのフェロモン量を格納する配列変数 pheromone というメンバ変数が用意されています．pheromone は 2 次元配列ですが，1 つめの添え字が 2 つめの添え字よりも小さい要素のみ，フェロモン量の格納に使用します．これは，i 番のノードと j 番のノードの間のエッジと，j 番のノードと i 番のノードの間のエッジという，同じエッジのフェロモン量を 1 つにまとめて管理するためです．i≥j である pheromone[i][j] は 0.0 とし，i<j である pheromone[i][j] には i 番のノードと j 番のノードの間のエッジのフェロモン量を入れます．

メイン関数の定義に先立ち，Colony.h をインクルードします．データセットのファイル名を引数で渡して Colony クラスのオブジェクトを生成し，アリの経路選択とフェロモン量の更新を REPEAT_NUM 回繰り返した後のフェロモン量を表示します．

リスト 3.4　メイン関数

```
#include "Colony.h"

int main()
{
    int i;
    Colony *colony;
```

```
    srand((unsigned int)time(NULL));

    colony = new Colony("sampledata.csv");
    for(i = 1; i <= REPEAT_NUM; i++) {
        colony->selectRoute();
        colony->renewPheromone();
    }
    colony->printPheromone();
    delete colony;

    return 0;
}
```

3.5.2　Colonyクラスのメンバ関数

Colony.cppの実装例を以下に記します．Colonyクラスのコンストラクタでは，引数で受け取ったファイル名をFieldクラスのコンストラクタに渡し，Fieldクラスのオブジェクトを生成します．また，各変数の領域を確保し，初期のコロニーを作ります．Antクラスのオブジェクトを生成するときには，自分自身へのポインタをAntクラスのコンストラクタに渡します．

アントコロニー最適化の主要処理である経路選択とフェロモン量の更新を実行するのがselectRoute関数とrenewPheromone関数です．selectRoute関数では，まず各アリが経路を選択するときに使用する確率の式(3.1)における分子を算出します．このとき，フェロモン量は2次元配列pheromoneの1つめの添え字が2つめの添え字よりも小さい要素に格納されていることに留意して，jがiより小さいときと大きいときで別のfor文を実行します．その後，すべてのアリに関して，AntクラスのselectRoute関数を利用して経路を選択します．

renewPheromone関数では，まず各フェロモン量に1−EVA_Rをかけて，蒸発後のフェロモン量を算出します．フェロモン量が入っている要素のみ演算の対象とするため，内側のfor文のカウンタ変数jの初期値はi+1です．その後，すべてのアリに関して，AntクラスのputPheromone関数を利用して，フェロモン量を追加します．

printPheromone関数では，すべてのフェロモン量を表示します．行と列をわかりやすくするために，フェロモン量が格納されていない要素も表示します．

Colony.cpp

```
#include "Colony.h"

// コンストラクタ
// fileName: データセットのファイル名
Colony::Colony(char *fileName)
{
   int i;

   field = new Field(fileName);
   ant = new Ant* [ANT_NUM];
   for(i = 0; i < ANT_NUM; i++) {
     ant[i] = new Ant(this);
   }
   nume = new double* [field->nodeNum];
   for(i = 0; i < field->nodeNum; i++) {
      nume[i] = new double [field->nodeNum];
   }
}

// デストラクタ
Colony::~Colony()
{
   int i;

   for(i = 0; i < ANT_NUM; i++) {
      delete ant[i];
   }
   delete [] ant;
   for(i = 0; i < field->nodeNum; i++) {
      delete [] nume[i];
   }
   delete [] nume;
   delete field;
}

// 経路を選択する
void Colony::selectRoute()
{
   int i, j;

   // 確率の分子を算出する
   for(i = 0; i < field->nodeNum; i++) {
      for(j = 1; j < i; j++) {
         nume[i][j] = pow(field->pheromone[j][i], PHERO_L)
                    * pow(1 / field->distance[i][j], HEU_L);
      }
      for(j = i + 1; j < field->nodeNum; j++) {
         nume[i][j] = pow(field->pheromone[i][j], PHERO_L)
```

```
                        * pow(1 / field->distance[i][j], HEU_L);
        }
    }

    // 経路を選択する
    for(i = 0; i < ANT_NUM; i++) {
        ant[i]->selectRoute();
    }
}

// フェロモン量を更新する
void Colony::renewPheromone()
{
    int i, j;

    // 蒸発させる
    for(i = 0; i < field->nodeNum; i++) {
        for(j = i + 1; j < field->nodeNum; j++) {
            field->pheromone[i][j] *= 1 - EVA_R;
        }
    }

    // アリによる追加分を加算する
    for(i = 0; i < ANT_NUM; i++) {
        ant[i]->putPheromone();
    }
}

// フェロモン量を表示する
void Colony::printPheromone()
{
    int i, j;

    for(i = 0; i < field->nodeNum; i++) {
        for(j = 0; j < field->nodeNum; j++) {
            printf("%8.3f", field->pheromone[i][j]);
        }
        printf("\n");
    }
}
```

3.5.3 Ant クラスのメンバ関数

Ant.cpp の実装例を以下に記します．Ant クラスのコンストラクタでは，引数で受け取った Colony クラスのオブジェクトへのポインタを colony に設定し，各変数の領域を確保します．都市数が N であるとき，アリの経路は $N+1$ 個のノードを含む閉路ですが，始点と終点が同じであるため，route には終点は含めないものとして，colony->field->nodeNum 個の要素の領域を確保します．また，0 番のノードを始点とするため，route[0] にはあらかじめ 0 を代入します．すると，0 番のノードは次に進むノードの候補にはならないので，candidate[0] も 0 とします．

経路を選択する selectRoute 関数では，ノード 0 以外のすべてのノードを未訪問ノードとしてから，1 つずつ次に進むノードを選択していきます．まず，式 (3.1) の分母を表す変数 denom に値を設定し，確率 PHERO_R でフェロモン量に基づいてノードを 1 つ選択します．このときの処理方法はリスト 2.9 に示したルーレット選択と同じ要領です．

確率 1−PHERO_R でランダムにノードを選択しますが，denom の値が 0.0 だったときや，フェロモン量に基づくノード選択において丸め誤差によりいずれの next でも r≤prob の条件が満たされなかったときにも，ランダムにノードを選択します．0 以上 colony->field->nodeNum−i−1 未満の整数乱数を next2 に設定していますが，colony->field->nodeNum−i−1 は未訪問ノードの個数です．値が 1 である配列 candidate の要素のうち，colony->field->nodeNum−i 番目の要素の添え字を次に進むノードの番号とします．

ノードの選択を colony->field->nodeNum−2 回繰り返すと，candidate の値が 1 の要素は残り 1 つになるので，それを最後のノードとします．ノードを選択するときには，同時に総移動距離も求めていきます．

putPheromone 関数では，総移動距離をもとに各エッジに分泌するフェロモン量を算出し，経路に含まれるエッジに追加します．このとき，フェロモン量は 2 次元配列 pheromone の 1 つめの添え字が 2 つめの添え字よりも小さい要素にのみ格納することに留意する必要があります．

Ant.cpp

```
#include "Ant.h"

// コンストラクタ
// argColony: 属しているコロニー
Ant::Ant(Colony *argColony)
{
    colony = argColony;
    route = new int [colony->field->nodeNum];
    candidate = new int [colony->field->nodeNum];
    route[0] = 0;
```

```
    candidate[0] = 0;
    totalDis = 0.0;
}

// デストラクタ
Ant::~Ant()
{
    delete [] route;
    delete [] candidate;
}

// 経路を選択する
void Ant::selectRoute()
{
    int i, j, next, next2;
    double denom, r, prob;

    // 未訪問ノードを初期化する
    for(i = 1; i < colony->field->nodeNum; i++) {
        candidate[i] = 1;
    }

    // 経路を選択する
    totalDis = 0.0;
    for(i = 0; i < colony->field->nodeNum - 2; i++) {
        // 確率の分母を算出する
        denom = 0.0;
        for(j = 1; j < colony->field->nodeNum; j++) {
            if(candidate[j] == 1) {
                denom += colony->nume[route[i]][j];
            }
        }
        // 次のノードを選択する
        next = -1;
        if((denom != 0.0) && (RAND_01 <= PHERO_R)) {
            // フェロモン量に基づいて選択する
            r = RAND_01;
            for(next = 1; next < colony->field->nodeNum; next++) {
                if(candidate[next] == 1) {
                    prob = colony->nume[route[i]][next] / denom;
                    if(r <= prob) {
                        break;
                    }
                    r -= prob;
                }
            }
            if(next == colony->field->nodeNum) {
                next = -1;
            }
```

```
        }
        if(next == -1) {
            // ランダムに選択する
            next2 = rand() % (colony->field->nodeNum - i - 1);
            for(next = 1; next < colony->field->nodeNum - 1; next++) {
                if(candidate[next] == 1) {
                    if(next2 == 0) {
                        break;
                    } else {
                        next2--;
                    }
                }
            }
        }
        route[i + 1] = next;
        candidate[next] = 0;
        totalDis += colony->field->distance[route[i]][next];
    }

    // 最後の1ノードを探索する
    for(next = 1; next < colony->field->nodeNum; next++) {
        if(candidate[next] == 1) {
            break;
        }
    }
    route[colony->field->nodeNum - 1] = next;
    totalDis
     += colony->field->distance[route[colony->field->nodeNum - 2]][next];

    // 出発地点への距離を加算する
    totalDis += colony->field->distance[next][0];
}

// フェロモンを分泌する
void Ant::putPheromone()
{
    int i;
    double p;

    p = PHERO_Q / totalDis;
    for(i = 0; i < colony->field->nodeNum - 1; i++) {
        if(route[i] < route[i + 1]) {
            colony->field->pheromone[route[i]][route[i + 1]] += p;
        } else {
            colony->field->pheromone[route[i + 1]][route[i]] += p;
        }
    }
    colony->field->pheromone[0][route[colony->field->nodeNum - 1]] += p;
}
```

3.5.4　Field クラスのメンバ関数

Field.cpp の実装例を以下に記します．Field クラスのオブジェクトは，各エッジの長さが書かれた CSV[注5]形式のファイルを読み込んで生成します．ノード数が N のとき，読み込む CSV ファイルには N 個の数値が書かれた行が N 行含まれており，i 行 j 列の数値がノード v_i とノード v_j の間の距離を表します．営業所，すなわち出発地点と到着地点はともにノード v_1 であるとします．

ノード v_1〜v_8 が図 3.4 のように位置しているとき，データを読み込むときの CSV ファイルはリスト 3.5 のようになります．i 行 i 列の値は 0，i 行 j 列の値は j 行 i 列の値と等しくなっています．

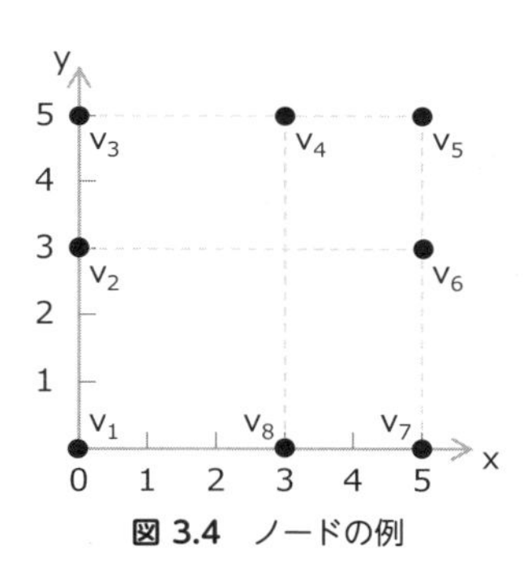

図 3.4　ノードの例

リスト 3.5　CSV ファイルの例

```
0.000,3.000,5.000,5.831,7.071,5.831,5.000,3.000
3.000,0.000,2.000,3.606,5.385,5.000,5.831,4.243
5.000,2.000,0.000,3.000,5.000,5.385,7.071,5.831
5.831,3.606,3.000,0.000,2.000,2.828,5.385,5.000
7.071,5.385,5.000,2.000,0.000,2.000,5.000,5.385
5.831,5.000,5.385,2.828,2.000,0.000,3.000,3.606
5.000,5.831,7.071,5.385,5.000,3.000,0.000,2.000
3.000,4.243,5.831,5.000,5.385,3.606,2.000,0.000
```

まず，CSV ファイルを一通り走査してノード数 nodeNum を取得します．このとき，空のデータや列数が異なる行が含まれている，列数と行数が一致しないなど，CSV ファイルに不備がある場合には，エラーメッセージを出力してプログラムを終了します．各エッジの長さを格納する配列変数 length とフェロモン量

注5　Comma-Separated Values の略．各データが半角カンマで区切られたテキストデータ．

を格納する配列変数 pheromone の領域を確保し，フェロモン量を初期化した後，エッジの長さを length に読み込みます．異なるノード間のエッジで，長さが 0.0 のエッジがあったら，エラーメッセージを出力してプログラムを終了します．

Field.cpp

```
#include "Field.h"

// コンストラクタ
// fileName: データセットのファイル名
Field::Field(char *fileName)
{
   int i, j, columnNum, dataNum;
   char line[1024];
   FILE *fp;
   char *pos1;
   char *pos2;

   // ノード数の取得
   if((fp = fopen(fileName, "r")) == NULL) {
      printf("%sが開けません．\n", fileName);
      exit(1);
   }
   nodeNum = -1;
   dataNum = 0;
   while(fgets(line, 1024, fp)) {
      if(strcmp(line, "\n")) {
         columnNum = 0;
         pos1 = line;
         do {
            pos2 = strchr(pos1, ',');
            if(pos2) {
               if(pos2 == pos1) {
                  printf("空のデータが含まれています．");
                  exit(1);
               }
               columnNum++;
               pos1 = pos2 + 1;
            }
         } while(pos2);
         if(*pos1 == '\n') {
            printf("空のデータが含まれています．");
            exit(1);
         }
         if(nodeNum == -1) {
            nodeNum = columnNum;
         } else if(nodeNum != columnNum) {
            printf("列数の異なる行があります．");
```

```
            exit(1);
        }
        dataNum++;
    }
}
fclose(fp);
if(nodeNum != dataNum) {
    printf("列数と行数が一致しません．");
    exit(1);
}

// 領域を確保して初期化する
distance = new double* [nodeNum];
pheromone = new double* [nodeNum];
for(i = 0; i < nodeNum; i++) {
    pheromone[i] = new double [nodeNum];
    for(j = 0; j < nodeNum; j++) {
        pheromone[i][j] = 0.0;
    }
}

// データを読込む
if((fp = fopen(fileName, "r")) == NULL) {
    printf("%sが開けません．\n", fileName);
    exit(1);
}
for(i = 0; i < nodeNum; i++) {
    distance[i] = new double [nodeNum];
    fgets(line, 1024, fp);
    pos1 = line;
    for(j = 0; j < nodeNum - 1; j++) {
        pos2 = strchr(pos1, ',');
        *pos2 = '\0';
        distance[i][j] = atof(pos1);
        if((i != j) && (distance[i][j] == 0.0)) {
            printf("距離が0.0のデータがあります．\n");
            exit(1);
        }
        pos1 = pos2 + 1;
    }
    pos2 = strchr(pos1, '\n');
    *pos2 = '\0';
    distance[i][j] = atof(pos1);
    if((i != j) && (distance[i][j] == 0.0)) {
        printf("距離が0.0のデータがあります．\n");
        exit(1);
    }
}
fclose(fp);
```

```
}

// デストラクタ
Field::~Field()
{
    int i;

    for(i = 0; i < nodeNum; i++) {
        delete [] distance[i];
        delete [] pheromone[i];
    }
    delete [] distance;
    delete [] pheromone;
}
```

3.5.5　実行例

リスト 3.5 に示したデータを入力したときの出力画面例を図 3.5 に示します．e_{12}，e_{23}，e_{34}，e_{45}，e_{56}，e_{67}，e_{18} のフェロモン量が他のエッジよりも多くなっていることから，$v_1 \to v_2 \to v_3 \to v_4 \to v_5 \to v_6 \to v_7 \to v_8 \to v_1$ という経路，すなわち 1 辺の長さが 5 の正方形の辺上をたどる経路が最短経路であると判断されます．

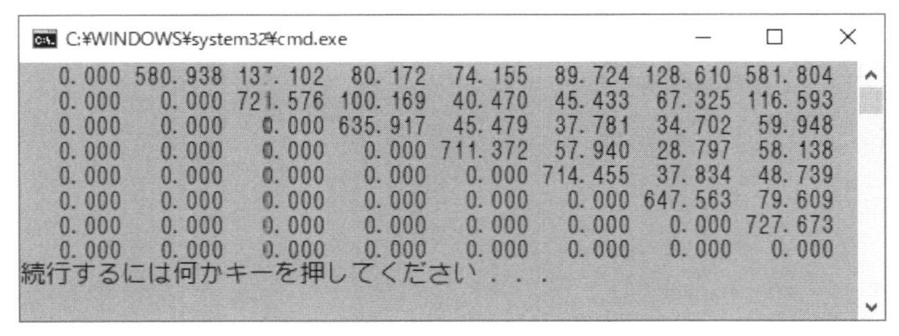

図 3.5　出力画面例

第4章

人工蜂コロニーアルゴリズム

4.1 ミツバチの採餌行動

ミツバチもアリと同様，社会性昆虫の一種です．1 つの巣の中で 1 匹の女王バチとたくさんの働きバチ，少しの雄バチが分業しながら暮らしています．働きバチは，掃除，巣房作り，女王バチと幼虫の世話，餌の収集と貯蔵，外敵からの防衛など，さまざまな仕事を担当します．一方で雄バチは，巣の運営に関わる仕事はまったくせず，普段は働きバチが集めた餌を食べながら巣の中で過ごし，ときどき他の巣の女王バチを探しに飛んで行って交尾に挑みます．交尾に成功した雄バチは直後に死んでしまい，交尾しなかった雄バチは食糧が少なくなる時期になると巣から追い出されてしまいます．他にも，ミツバチの生態には興味深い点が数多くありますが，アリと同様，採餌行動に着目することにしましょう．

成熟した働きバチが外勤，すなわち餌の収集に関わる仕事を担当します．ミツバチにとっての餌は花蜜と花粉です．花の奥からストロー状の口で蜜を吸い，蜜胃と呼ばれる腹部の袋にためて巣まで運びます．また，蜜を吸うために花の中に潜り込むと身体に生えた無数の毛に花粉が付着しますが，吸った蜜で付着した花粉を湿らせて花粉だんごを作り，巣に持ち帰って保存食として貯蔵します．

外勤のミツバチには，蜜の採取に加えて，巣での待機，新しい食糧源の開拓という役割があります．蜜を採取するミツバチは，目標の食糧源の近くを探索して蜜を採取し，巣に持ち帰る，という行動を繰り返します．巣に戻ったときには，自分が蜜を採取した食糧源の質や方向，食糧源までの距離などの情報を 8 の字ダ

図 4.1　ミツバチの採餌行動

ンス（waggle dance）で待機しているミツバチに伝えます．新しい食糧源を開拓するミツバチも，巣の周りを調査して見つけた食糧源に関する情報をダンスで待機しているミツバチに伝えます．待機していたミツバチは，得られた情報を元に目標の食糧源を定め，自らの役割を蜜を採取する役割に変更して，蜜を採りに出かけます．逆に，目標の食糧源の蜜がなくなったミツバチは，巣で待機するようになります．

4.2 解表現と基本アルゴリズム

人工蜂コロニーアルゴリズム（artificial bee colony algorithm: **ABC**）は，ミツバチの採餌行動を模倣した最適解探索アルゴリズムです．2005 年に Dervis Karaboga により提案されたアルゴリズムで，ミツバチの採餌行動の以下の点に着目しています．

- 蜜の採取，巣での待機，新しい食糧源の開拓という 3 つの役割がある．
- 目標の食糧源の近くを探索して蜜を採取する．
- 食糧源の情報は待機しているミツバチに伝えられる．
- 食糧源の情報を得たミツバチは，教えてもらった食糧源に向かう．
- 同じ食糧源からの蜜の採取を繰り返すと，蜜は取りつくされる．

ミツバチの採餌行動をモデル化する際には，3 つの役割を担うミツバチをそれぞれ**収穫バチ**（employed bee），**追従バチ**（onlooker bee），**偵察バチ**（scout bee）として，以下のように行動するものと仮定します．

1. 収穫バチは 1 つの食糧源を目標に定めており，その食糧源に蜜を採りに行く．
2. 目標の食糧源の蜜が取りつくされた収穫バチは，偵察バチの見つけた新しい食糧源を目標の食糧源とする．
3. 追従バチは収穫バチからの情報に基づいて目標の食糧源を決定し，蜜を採りに行く．
4. 追従バチは目標の食糧源を決めても，一度蜜を採取して帰巣したら，再び目標の食糧源を決め直す．

5. 向かった食糧源の近くの食糧源を 1 つ調べ，目標より良かったら，目標を変更する．
6. 食糧源の蜜は指定した回数の採取によりすべてが取りつくされる．
7. 収穫バチ，追従バチ，偵察バチの順に活動する．

本来，ミツバチの役割は状況に応じて変動しますが，2 および 4 の仮定により，収穫バチと追従バチの数は変動しないことになります．また，収穫バチの目標の食糧源のうち蜜が取りつくされた食糧源を偵察バチが新しい食糧源に置き換えるようにすることで，2 が実現されます．

人工蜂コロニーアルゴリズムでは，問題に対する解を食糧源の位置として表現し，3 種類のミツバチの採餌活動を繰り返してどこに良い食糧源があるかを探索することで，最適解を導きます．遺伝的アルゴリズムの個体が食糧源，染色体が食糧源の位置に相当します．ミツバチにとっては蜜の質と量が食糧源の良さの判断基準ですが，この判断基準を対象としている最適化問題の解としての良さと見なして，各食糧源を評価します．遺伝的アルゴリズムで適応度関数を用いて個体を評価するのと同様です．

問題の解が N 個の値からなるとき，ミツバチは N 次元空間を飛び回るものとして，食糧源の位置を N 次元ベクトルで表します．収穫バチ B_i が目標とする食糧源の位置の要素が x_1^i，x_2^i，$\cdots$，x_N^i であるとき，食糧源の位置 $\overrightarrow{x_i}$ は式 (4.1) のようになります．

$$\overrightarrow{x_i} = \begin{pmatrix} x_1^i \\ x_2^i \\ \vdots \\ x_N^i \end{pmatrix} \tag{4.1}$$

収穫バチの数を M とすると，式 (4.2) に示す集合 X が解候補の集合となります．

$$X = \{\overrightarrow{x_1}, \overrightarrow{x_2}, \cdots, \overrightarrow{x_M}\} \tag{4.2}$$

基本アルゴリズムのフローチャートを図 4.2 に示します．最初に，各収穫バチの目標の食糧源をランダムに生成し，問題の解としての適切さに基づいて評価します．各成分が指定された範囲内の実数である場合には，j 番目の成分 x_j^i として取り得る下限値を $xmin_j$，上限値を $xmax_j$ とすると，初期の食糧源の各成分は式 (4.3) により求められます．

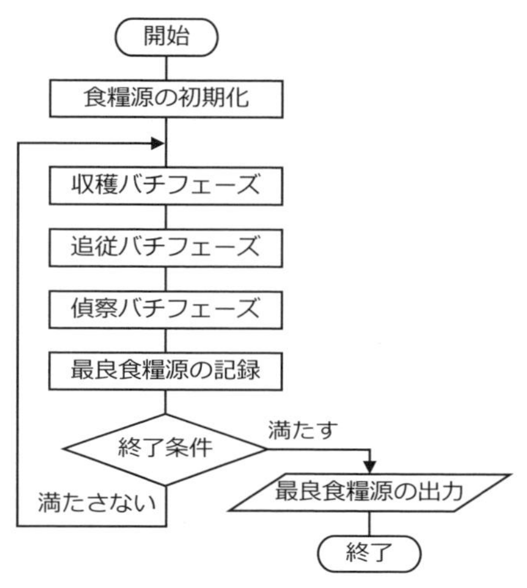

図 4.2 基本アルゴリズム

$$x_j^i = xmin_j + (xmax_j - xmin_j) \times rand[0,1] \tag{4.3}$$

ここで，$rand[0,1]$ は 0 以上 1 以下の実数乱数を生成する関数です．

初期の食糧源が生成されたら，終了条件が満たされるまで収穫バチ，追従バチ，偵察バチを活動させるフェーズを繰り返します．3 つのフェーズが終わるたびにそれまでに得られた最良の食糧源を記録し，終了条件が満たされたときに解として出力します．終了条件としては，一定回数の繰返しを終える，目標とする評価値の食糧源が得られる，最良の食糧源が一定期間変化しない，などを指定します．

4.3 収穫バチフェーズ

収穫バチフェーズでは，まず収穫バチが蜜を採取する食糧源を決めます．収穫バチは目標の食糧源に向かって近辺を探索したときに，目標の食糧源よりも良い食糧源を見つけたら，新しく見つけた食糧源で蜜を採取しますが，ここでは近辺を探索する代わりに目標の食糧源の近くに新しい食糧源を 1 つ作ります．新しい食糧源のほうが目標の食糧源より良い食糧源だったら，目標の食糧源を新しい食糧源に置き換えて，新しい食糧源から蜜を採取します．目標の食糧源よりも良い食糧源が作られなかったら，置換せずに目標の食糧源から蜜を採取します．

収穫バチ B_i が目標とする食糧源を $\overrightarrow{x_i}$ とするとき，$\overrightarrow{x_i}$ の第 k 成分を変更して目標の食糧源の近くの食糧源 $\overrightarrow{y_i}$ を作ります．成分の変更には，別の収穫バチ B_l が目標とする食糧源 $\overrightarrow{x_l}$ の第 k 成分を用います．k と l はランダムに選んだ数値です．$\overrightarrow{y_i}$ の各成分は式 (4.4) のようになります．

$$y_j^i = \begin{cases} x_j^i + rand[-1,1] \times (x_j^i - x_j^l) & j = k \\ x_j^i & \text{otherwise} \end{cases} \tag{4.4}$$

変更の幅の上限を $\overrightarrow{x_i}$ と $\overrightarrow{x_l}$ の成分との差で決定し，$rand[-1,1]$ により -1 以上 1 以下の実数乱数を発生させることで変更の幅を決めています．食糧源 $\overrightarrow{y_i}$ の評価値が食糧源 $\overrightarrow{x_i}$ の評価値を上回ったら，収穫バチ B_i の目標の食糧源を $\overrightarrow{y_i}$ に置き換えます．

蜜を採取する食糧源が決まったら，収穫バチが目標の食糧源から蜜を 1 回採取したことを記録します．以上の処理をすべての収穫バチについて繰り返します．

ここで，式 (4.4) により，食糧源 $\overrightarrow{x_i}$ がどのように変化するかを確認してみましょう．$\overrightarrow{x_i}$ と $\overrightarrow{y_i}$ は，第 k 成分だけ異なり，その他の成分はすべて同じ値です．

食糧源が 2 次元ベクトルで表され，$k=1$ であるときの例を図 4.3(a) に示します．$\overrightarrow{x_i}$ と $\overrightarrow{x_l}$ の第 1 成分，すなわち x 座標の差の -1〜1 倍を x_1^i に加えた値が y_1^i になるので，新しい食糧源 $\overrightarrow{y_i}$ の終点は，図中の双方向矢印上のいずれか 1 点になります．

食糧源が 3 次元ベクトルで表され，$k=3$ であるときの例を図 4.3(b) に示します．$\overrightarrow{x_i}$ と $\overrightarrow{x_l}$ の第 3 成分　すなわち z 座標の差の -1〜1 倍を x_3^i に加えた値が y_3^i になるので，図中の双方向矢印が新しい食糧源 $\overrightarrow{y_i}$ の終点の存在範囲となります．

2 つの図からわかるように，新しい食糧源 $\overrightarrow{y_i}$ は元の食糧源 $\overrightarrow{x_i}$ の終点を 1 つの軸と平行な方向に動かしたベクトルになります．x_k^i と x_k^l の差が大きい k と l が選択されると，$\overrightarrow{x_i}$ の終点と $\overrightarrow{x_l}$ の終点の間の距離が長くなり，「近くの食糧源」とはいえないかもしれませんが，他の成分が等しいので共通する性質を多く持っているといえます．ユーラシア大陸最西端のロカ岬と山形県鶴岡市は非常に遠いけれども，緯度がほぼ等しいので，両者には北極点までの距離がほぼ等しいという共通点があります．このような事例を考えると，式 (4.4) の定義にそれほど違和感はないかもしれません．

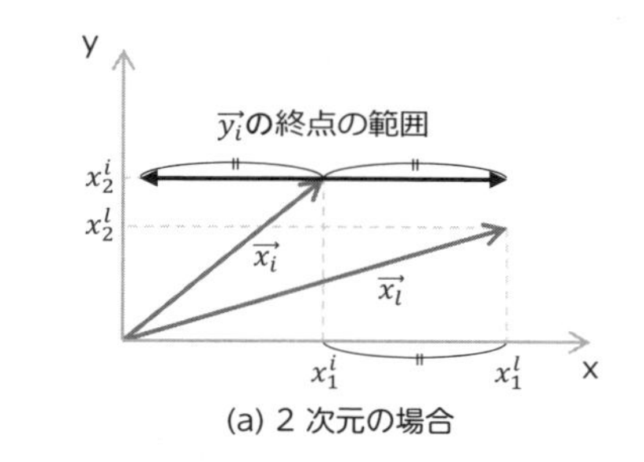

(a) 2 次元の場合

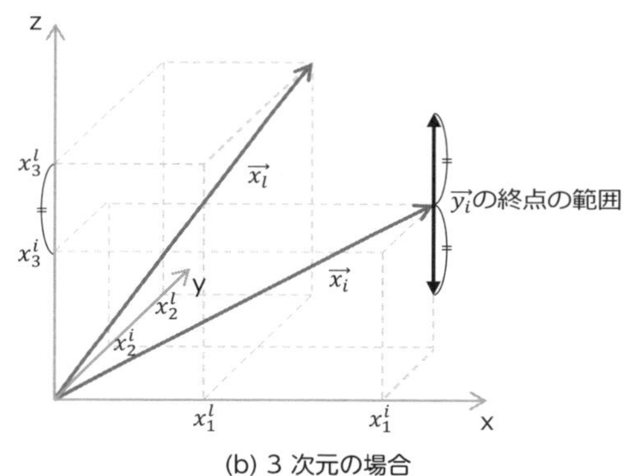

(b) 3 次元の場合

図 4.3　新しい食糧源の終点の存在範囲

4.4 追従バチフェーズ

追従バチフェーズでは，まず追従バチが追従する収穫バチを決めます．追従バチは，収穫バチのダンスにより食糧源の情報を得て目標とする食糧源を決めることから，収穫バチの目標とする食糧源の評価値に基づいて，追従する収穫バチを決定します．食糧源 F_k を目標とする収穫バチ B_k が選ばれる確率 $prob(B_k)$ を式 (4.5) に示します．

$$prob(B_k) = \frac{value(F_k)}{\displaystyle\sum_i value(F_i)} \tag{4.5}$$

ここで，$value(F_i)$ は，収穫バチ B_i が目標とする食糧源 F_i の評価値です．遺伝的アルゴリズムのルーレット選択と同様の考え方なので，評価値が負の値になる可能性がある問題や，評価値が小さいほど良い解と判断する問題では，評価値の変換が必要になります．式 (2.7)，式 (2.8) による適応度の変換と同様にして，評価値は式 (4.6)，式 (4.7) により変換することができます．

$$trVal1(F_i) = \frac{value(F_i) - vmin}{vmax - vmin} \tag{4.6}$$

$$trVal2(F_i) = \frac{vmax - value(F_i)}{vmax - vmin} \tag{4.7}$$

ここで，$vmin$ と $vmax$ はそれぞれ評価値の最小値と最大値です．$trVal1(F_i)$ と $trVal2(F_i)$ には，各 $value(F_i)$ の数値の間隔の比が引き継がれており，すべてが 0 以上の数値になります．数値を降順に並べたときの食糧源の順序は，$trVal1(F_i)$ では $value(F_i)$ と同じになりますが，$trVal2(F_i)$ では $value(F_i)$ と逆順になります．ただし，最悪の収穫バチが目標とする食糧源の値は 0 になるので，最悪の収穫バチは選択されません．

追従する収穫バチが決まったら，収穫バチフェーズと同様にして蜜を採取する食糧源を決め，蜜の採取回数を記録します．

4.5　偵察バチフェーズ

偵察バチフェーズでは，収穫バチが目標とする食糧源のうち，蜜の採取回数が指定された上限値 C に達した食糧源を新しい食糧源で置き換えます．新しい食糧源は，式 (4.3) を用いて生成します．

既存の食糧源を新しい食糧源で置き換えることは，既存の解候補の近辺の探索を打ち切り，新しい解候補の近辺の探索を開始することに相当します．このタイミングを制御するのが蜜の採取回数の上限値 C です．一度設定した解候補の近辺をじっくり探索したい場合には C を大きく，広範囲を探索したい場合には C を小さく設定します．

4.6 プログラムの実装例

本節では，人工蜂コロニーアルゴリズムにより重回帰式を導出するプログラムをC++で実装する方法について解説します．4.6.1項と4.6.2項には，重回帰分析や最小二乗法に詳しくない読者のための補足説明を記します．

4.6.1 重回帰分析

6人の学生がある日のゼミで5枚の円盤を使った**ハノイの塔**（tower of Hanoi）を解き，解答にかかった時間を計測しました．その後一週間各自で練習して，翌週のゼミで再度ハノイの塔の解答時間を計測したところ，各学生の1日の練習回数の平均，練習前の解答時間，および練習後の解答時間は表4.1のようになりました．

表 4.1 ハノイの塔に関する6人の学生のデータ

学生	1日の平均練習回数	解答時間 [秒]	
		練習前	練習後
だいすけ	7.54	23.23	21.90
みずき	3.12	23.23	23.12
としき	3.44	23.77	23.43
りょう	12.52	27.00	23.77
みほ	8.20	25.87	24.00
ゆうき	5.36	26.23	25.40

ここで，ハノイの塔について触れておきましょう．ハノイの塔は，1883年にフランスの数学者Edouard Lucasによって提案されたパズルです．このパズルでは，3本のペグと，真ん中に穴の開いた大きさの異なる複数の円板を用います．図4.4(a)のように，すべての円板を大きい順に下から積み重ね，1本のペグに挿した状態からパズルを開始します．図4.4(b)のように，すべての円盤を重ねる順番を変えずに指定された別のペグに移動することがこのパズルの目標であり，目標状態になるまで1枚ずつ円盤を別のペグに移動していきます．ただし，次の2つのルールを守らなくてはなりません．

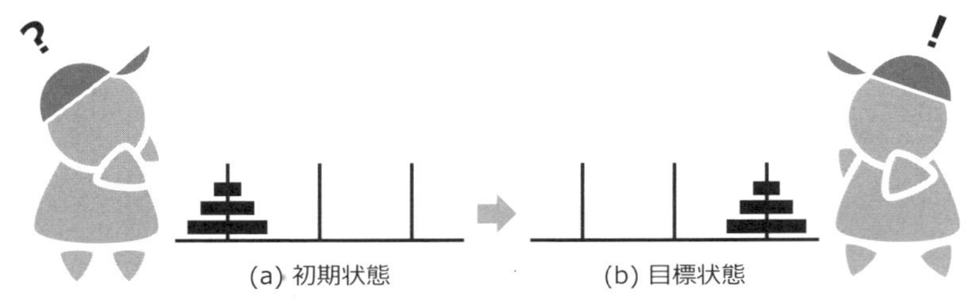

図 4.4　ハノイの塔

- 1 度に 1 枚の円板しか動かせない．
- 小さい円板の上に大きい円板を置くことはできない．

円板が N 枚あるとき，円板を $2^N - 1$ 回移動すると目標状態に達することができます．$N = 5$ のときは円板を $2^5 - 1 = 31$ 回移動するので，1 秒に 1 枚移動するペースだと，解答に 31 秒かかることになります．

さて，話を表 4.1 のデータに戻しましょう．練習前の解答時間と平均練習回数は，練習後の解答時間に影響を与えているでしょうか．ここでは，**重回帰分析**（multiple regression analysis）を用いて統計的に分析してみます．重回帰分析とは，複数の要因と結果の関係を式で表し，ある要因の組合せから結果を予測したり，ある結果を得るための要因に関する指針を示したりする統計的手法です．要因と結果の関係式を**重回帰式**（multiple regression equation）と呼び，要因を表す変数を**説明変数**（explanatory variable），結果を表す変数を**目的変数**（response variable）と呼びます．説明変数が x_1 と x_2 の 2 つであるとき，目的変数 y との関係式は式 (4.8) のような形式で求められます．

$$y = a_1 x_1 + a_2 x_2 + a_0 \tag{4.8}$$

ここで，説明変数の係数 a_1，a_2 を**偏回帰係数**（partial regression coefficient），a_0 を定数項と呼びます．1 日の平均練習回数と練習前の解答時間をそれぞれ x_1，x_2，練習後の解答時間を y として，とある分析ソフトで得られた重回帰式は式 (4.9) のようになります．

$$y = -0.304 x_1 + 0.937 x_2 + 2.307 \tag{4.9}$$

偏回帰係数の符号から，練習前の解答時間が短いほど練習後の解答時間も短くなる傾向があること，および練習により解答時間が縮まることがわかります．また，現在の解答時間が 23.71 秒のこうじ君が 1 日 5 回の練習を一週間続けた後の予測解答時間は，式 (4.10) で求められます．

$$-0.304 \times 5 + 0.937 \times 23.71 + 2.307 \approx 22.99 \tag{4.10}$$

さらに，式 (4.11) の不等式を解くと，こうじ君がだいすけ君に勝つためには，1日に何回以上練習すればよいかを考えることもできます．

$$\begin{aligned} -0.304x_1 + 0.937 \times 23.71 + 2.307 < 21.90 \\ x_1 > 8.629... \end{aligned} \tag{4.11}$$

この結果から，こうじ君は 1 日に 9 回以上練習すると一週間後にだいすけ君に勝てそうだと判断します．

では，練習前の解答時間と練習回数では，どちらのほうが練習後の解答時間に影響を与えるのでしょうか．各データを**標準化**（standardization）して重回帰式を求めることで，各説明変数の重要度を知ることができます．i 番目のデータの j 番目の項目の値 d_j^i は式 (4.12) により標準化します．

$$d_j^i = \frac{d_j^i - \overline{d_j}}{SD_j} \tag{4.12}$$

ここで，$\overline{d_j}$ は j 番目の項目の平均，SD_j は j 番目の項目の標準偏差を表します．標準化データを用いて導出された重回帰式では，偏回帰係数は -1 以上 1 以下の値を取り，定数項は 0 になります．この偏回帰係数を**標準偏回帰係数**（standardised partial regression coefficient）と呼び，標準偏回帰係数の絶対値が大きいほど，説明変数の目的変数に対する影響度が高いと判断します．

表 4.1 のデータを標準化して重回帰式を求めると，式 (4.13) のようになります．

$$y = -0.934x_1 + 1.366x_2 \tag{4.13}$$

標準回帰係数の絶対値から，練習回数より練習前の解答時間のほうが，練習後の解答時間に与える影響が大きいといえます．

4.6.2 最小二乗法

重回帰式を求める一般的な方法が**最小二乗法**（least squares method）です．誤差の二乗和が最小になるような偏回帰係数と定数項を求めます．誤差の二乗和は，重回帰式により求められた予測値が実測値とどのくらい異なっているかを表す値で，i 番目のデータの j 番目の説明変数の値を x_j^i，目的変数の値を y^i とするとき，誤差の二乗和 Q は式 (4.14) により算出されます．

$$Q = \sum_i \left\{ y^i - \left(\sum_j a_j x_j^i + a_0 \right) \right\}^2 \tag{4.14}$$

データ数が N，説明変数が 2 つのときの偏回帰係数 a_1，a_2 と定数項 a_0 は式 (4.19)〜(4.21) により求めることができます．

$$SYY = \sum_i (y^i - \overline{y})^2 \tag{4.15}$$

$$SYX_j = \sum_i (y^i - \overline{y})(x_j^i - \overline{x_j}) \tag{4.16}$$

$$SX_jX_k = \sum_i (x_j^i - \overline{x_j})(x_k^i - \overline{x_k}) \tag{4.17}$$

$$D = SX_1X_1 \times SX_2X_2 - (SX_1X_2)^2 \tag{4.18}$$

$$a_1 = \frac{SYX_1 \times SX_2X_2 - SYX_2 \times SX_1X_2}{D} \tag{4.19}$$

$$a_2 = \frac{SYX_2 \times SX_1X_1 - SYX_1 \times SX_1X_2}{D} \tag{4.20}$$

$$a_0 = \frac{\sum_i y^i}{N} - a_1 \frac{\sum_i x_1^i}{N} - a_2 \frac{\sum_i x_2^i}{N} \tag{4.21}$$

ここで，$\overline{x_j}$ は j 番目の説明変数の値の平均，$\overline{y}$ は目的変数の値の平均を表します．

4.6.3　食糧源の位置と評価関数

さて，いよいよ本題です．人工蜂コロニーアルゴリズムにより重回帰式における偏回帰係数を求めるプログラムを実装してみましょう．説明変数が N 個のとき，求めたい値は N 個の偏回帰係数と定数項なので合計 $N+1$ 個の数値ということになります．しかし，標準化データを用いることで定数項を求める必要がなくなるので，与えられたデータを標準化して N 個の標準偏回帰係数を求め，標準偏回帰係数から偏回帰係数と定数項を求めることで元のデータの重回帰式を導出することにします．標準偏回帰係数は -1 以上 1 以下の値なので，算出対象を標準偏回帰係数とすることで解の探索範囲が狭められるという点でも，この方針は有用と考えられます．以上より，要素数が N 個の実数型配列変数 pos で食糧源の位置を表し，各要素は -1 以上 1 以下の実数の値を取ることにします．pos[i] が $i+1$ 番目の説明変数の偏回帰係数を表します．

重回帰式の導出問題は，式 (4.14) を目的関数とする最適化問題といえます．そこで，人工蜂コロニーアルゴリズムでの食糧源の評価値は誤差の二乗和とし，評価値がより小さい食糧源を探索します．データ数 D のデータセットが与えられ，標準化したデータの説明変数の値が $D \times N$ の 2 次元配列 $exSData$，目的変数の値が要素数 D の 1 次元配列 $resSData$ に格納されているとき，食糧源 F の評価値 $value(F)$ を算出する評価関数を式 (4.22) により定義します．

$$value(F) = \sum_{i=0}^{D-1} \left(resSData[i] - \sum_{j=0}^{N-1} pos[j] \times exSData[i][j] \right)^2 \tag{4.22}$$

4.6.4 クラスとメイン関数

オブジェクト指向による人工蜂コロニーアルゴリズムの実装のために必要なクラスは，食糧源の集合のクラスと食糧源のクラスです．今回は，重回帰式の導出が目的なので，与えられたデータセットを保持し，操作するためのクラスも用意しましょう．3 つのクラスをそれぞれ FlowerSet クラス，Flower クラス，Dataset クラスとしたときの各クラスのヘッダファイルをリスト 4.1，リスト 4.2，リスト 4.3 に示します．また，メイン関数はリスト 4.4 のようになります．2.9.4 項における遺伝的アルゴリズムの Population クラスが FlowerSet クラス，Individual クラスが Flower クラスに相当するので，リスト 2.1，リスト 2.2，リスト 2.3 と比較してみてください．

リスト 4.1 FlowerSet クラスのヘッダファイル

```
#include "Flower.h"
class Flower;

class FlowerSet
{
public:
    FlowerSet(char *fileName);
    ~FlowerSet();
    void employedBeePhase();   // 収穫バチフェーズを実行する
    void onlookerBeePhase();   // 追従バチフェーズを実行する
    void scoutBeePhase();      // 偵察バチフェーズを実行する
    void saveBestPos();        // 最良食糧源を記録する
    void printResult();        // 結果を表示する
```

```
    Dataset *dataset;           // データセット
    Flower **flower;            // 食糧源の集合のメンバ
    double *bestPos;            // 最良食糧源の位置
    double bestValue;           // 最良食糧源の評価値

private:
    Flower *newFlower;          // 新しい食糧源
    double *trValue;            // 各食糧源の変換後の評価値
};
```

食糧源の集合のメンバは Flower クラスのオブジェクトへのポインタを要素とする配列変数 flower で参照できるようにします．Flower クラスのオブジェクトでは，FlowerSet クラスのオブジェクトへのポインタ fSet により，自身が属している集合を参照しています．FlowerSet クラスと Flower クラスは互いに参照しているので，ヘッダファイルで前方宣言をしています．

FlowerSet クラスのメンバ変数には，flower の他に，データセットを参照するポインタ dataset，最良食糧源の位置と評価値を保持するための bestPos と bestValue があります．また，新しい食糧源を生成するたびにオブジェクトを生成すると処理に時間がかかるので，FlowerSet クラスのオブジェクトを作ると同時に新しい食糧源用の領域を確保し，変数 newFlower で参照して，新しい食糧源を格納する場所として活用します．変数 trValue は，式 (4.7) により変換した評価値を格納するための配列変数です．

リスト 4.2　Flower クラスのヘッダファイル

```
#include "Dataset.h"
#include "FlowerSet.h"
class FlowerSet;

// 定数の定義
#define REPEAT_NUM 1000 // 繰返し数
#define EBEE_NUM   100  // 収穫バチの数
#define OBEE_NUM   10   // 追従バチの数
#define VISIT_MAX  10   // 蜜の採取可能回数
#define COEF_MIN   -1   // 標準偏回帰係数の最小値
#define COEF_MAX   1    // 標準偏回帰係数の最大値

// 0以上1以下の実数乱数
#define RAND_01 ((double)rand() / RAND_MAX)

class Flower
{
```

```
public:
    Flower(FlowerSet *argFSet);
    ~Flower();
    void change(int base); // 近くの食糧源に変更する
    void renew();          // 新しい食糧源に変更する

    FlowerSet *fSet;       // 属している食糧源集合
    double *pos;           // 位置
    double value;          // 評価値
    int visitNum;          // 蜜の採取回数

private:
    void evaluate();       // 評価値を算出する
};
```

Flowerクラスには，fSetの他に，位置を表すpos，評価値を表すvalue，蜜の採取回数を表すvisitNumというメンバ変数を用意します．Flowerクラスのヘッダファイルでは，define文で必要な定数の値と0以上1以下の実数乱数を生成する式を定義し，Datasetクラスのヘッダファイルをインクルードします．Datasetクラスのメンバ関数でも標準ヘッダが必要な処理を実行するので，必要な標準ヘッダのインクルードはDataset.hに書きます．

リスト 4.3 DataSet クラスのヘッダファイル

```
// 標準ヘッダのインクルード
#include <time.h>
#include <stdlib.h>
#include <string.h>
#include <float.h>
#include <math.h>

class Dataset
{
public:
    Dataset(char *fileName);
    ~Dataset();
    void setCoef(double *sCoef); // 標準偏回帰係数から偏回帰係数を求める
    void printEquation();        // 重回帰式を表示する

    int dataNum;         // データ数
    int exVarNum;        // 説明変数の個数
    double **exData;     // 説明変数のデータ（オリジナル）
    double *resData;     // 目的変数のデータ（オリジナル）
    double **exSData;    // 説明変数のデータ（標準化）
    double *resSData;    // 目的変数のデータ（標準化）
```

```
    double *coef;       // 偏回帰係数
    double constant;    // 定数項

private:
    double *exAve;      // 説明変数の平均
    double resAve;      // 目的変数の平均
    double *exSd;       // 説明変数の標準偏差
    double resSd;       // 目的変数の標準偏差
};
```

Dataset クラスには，データ数を表す dataNum，説明変数の個数を表す exVarNum，オリジナルのデータを格納する配列変数 exData と resData，標準化データを格納する配列変数 exSData，resSData，データを標準化する際に用いる平均 exAve，resAve と標準偏差 exSd，resSd というメンバ変数が用意されています．人工蜂コロニーアルゴリズムにより求められた標準偏回帰係数を setCoef 関数の引数として渡すと，偏回帰係数と定数項の値が設定されます．printEquation 関数では最終的な重回帰式を表示します．

メイン関数の定義に先立ち，FlowerSet.h をインクルードします．データセットのファイル名を引数で渡して FlowerSet クラスのオブジェクトを生成し，3 種類のミツバチのフェーズと最良食糧源の記録を REPEAT_NUM 回繰り返して，最良食糧源を解として出力します．大まかな流れは遺伝的アルゴリズムの実装例であるリスト 2.3 と同様です．

リスト 4.4　メイン関数

```
#include "FlowerSet.h"

int main()
{
    int i;
    FlowerSet *fSet;

    srand((unsigned int)time(NULL));

    fSet = new FlowerSet("sampledata.csv");
    for(i = 1; i <= REPEAT_NUM; i++) {
        fSet->employedBeePhase();
        fSet->onlookerBeePhase();
        fSet->scoutBeePhase();
        fSet->saveBestPos();
        printf("%d回目：最良評価値%f\n", i, fSet->bestValue);
    }
```

```
    fSet->printResult();
    delete fSet;

    return 0;
}
```

4.6.5　FlowerSet クラスのメンバ関数

FlowerSet クラスのコンストラクタでは，引数で受け取ったファイル名を Dataset クラスのコンストラクタに渡し，Dataset クラスのオブジェクトを生成します．また，各変数の領域を確保し，初期の食糧源集合を作りつつ，最良食糧源を記録します．Flower クラスのオブジェクトを生成するときには，自分自身へのポインタを Flower クラスのコンストラクタに渡します．

人工蜂コロニーアルゴリズムの主要処理である 3 種類のミツバチの行動を実行するのが employedBeePhase 関数，onlookerBeePhase 関数，および scoutBeePhase 関数です．employedBeePhase 関数では，すべての収穫バチ，すなわちすべての食糧源に関して，Flower クラスの change 関数を利用して近くの食糧源を生成し，元の食糧源よりも良ければ置換します．また，蜜の採取回数を 1 増やします．onlookerBeePhase 関数では，まず評価値の最大値 max と最小値 min を求めて，式 (4.7) により評価値を変換します．このとき，式 (4.5) の分母の値も合わせて求めます．リスト 2.9 に示したルーレット選択の要領で追従する収穫バチを選択し，収穫バチフェーズと同様の処理を実行します．scoutBeePhase 関数では，蜜の採取回数が上限値に達している食糧源を Flower クラスの renew 関数を用いて新しい食糧源にします．

saveBestPos 関数では，記録している最良食糧源よりも良い食糧源が食糧源集合に存在したら，その位置と評価値を記録します．printResult 関数では，Dataset クラスの setCoef 関数と printEquation 関数を呼び出して，最良食糧源の位置，すなわち人工蜂コロニーアルゴリズムにより求めた標準偏回帰係数から偏回帰係数と定数を求め，重回帰式を表示します．

FlowerSet.cpp の実装例を以下に記します．

FlowerSet.cpp

```
#include "FlowerSet.h"
```

```
// コンストラクタ
// fileName: データセットのファイル名
FlowerSet::FlowerSet(char *fileName)
{
   int i, best;

   dataset = new Dataset(fileName);
   flower = new Flower* [EBEE_NUM];
   best = 0;
   for(i = 0; i < EBEE_NUM; i++) {
      flower[i] = new Flower(this);
      if(flower[best]->value > flower[i]->value) {
         best = i;
      }
   }
   bestPos = new double [dataset->exVarNum];
   for(i = 0; i < dataset->exVarNum; i++) {
      bestPos[i] = flower[best]->pos[i];
   }
   bestValue = flower[best]->value;
   newFlower = new Flower(this);
   trValue = new double [EBEE_NUM];
}

// デストラクタ
FlowerSet::~FlowerSet()
{
   int i;

   for(i = 0; i < EBEE_NUM; i++) {
      delete flower[i];
   }
   delete [] flower;
   delete [] bestPos;
   delete newFlower;
   delete [] trValue;
   delete dataset;
}

// 収穫バチフェーズを実行する
void FlowerSet::employedBeePhase()
{
   int i;
   Flower *tmp;

   for(i = 0; i < EBEE_NUM; i++) {
      newFlower->change(i);
      if(flower[i]->value > newFlower->value) {
         tmp = newFlower;
```

```
            newFlower = flower[i];
            flower[i] = tmp;
        }
        flower[i]->visitNum++;
    }
}

// 追従バチフェーズを実行する
void FlowerSet::onlookerBeePhase()
{
    int i, j;
    Flower *tmp;
    double max, min, denom, prob, r;

    for(j = 0; j < OBEE_NUM; j++) {
        // 評価値を変換する
        max = DBL_MIN;
        min = DBL_MAX;
        for(i = 0; i < EBEE_NUM; i++) {
            if(max < flower[i]->value) {
                max = flower[i]->value;
            }
            if(min < flower[i]->value) {
                min = flower[i]->value;
            }
        }
        denom = 0.0;
        for(i = 0; i < EBEE_NUM; i++) {
            trValue[i] = (max - flower[i]->value) / (max - min);
            denom += trValue[i];
        }

        // 収穫バチを選択する
        r = RAND_01;
        for(i = 0; i < EBEE_NUM - 1; i++) {
            prob = trValue[i] / denom;
            if(r <= prob) {
                break;
            }
            r -= prob;
        }

        // 収穫バチフェーズと同様に処理する
        newFlower->change(i);
        if(flower[i]->value > newFlower->value) {
            tmp = newFlower;
            newFlower = flower[i];
            flower[i] = tmp;
        }
```

```
        flower[i]->visitNum++;
    }
}

// 偵察バチフェーズを実行する
void FlowerSet::scoutBeePhase()
{
    int i;

    for(i = 0; i < EBEE_NUM; i++) {
        if(VISIT_MAX <= flower[i]->visitNum) {
            flower[i]->renew();
        }
    }
}

// 最良食糧源を記録する
void FlowerSet::saveBestPos()
{
    int i, best;

    best = -1;
    for(i = 0; i < EBEE_NUM; i++) {
        if(bestValue > flower[i]->value) {
            best = i;
        }
    }
    if(best != -1) {
        for(i = 0; i < dataset->exVarNum; i++) {
            bestPos[i] = flower[best]->pos[i];
        }
        bestValue = flower[best]->value;
    }
}

// 結果を表示する
void FlowerSet::printResult()
{
    dataset->setCoef(bestPos);
    dataset->printEquation();
}
```

4.6.6　Flower クラスのメンバ関数

Flower クラスのコンストラクタでは，引数で受け取った FlowerSet クラスのオブジェクトへのポインタを fSet に設定します．また，各変数の領域を確保し，

式 (4.3) に基づいて位置を表す配列変数 pos を初期化します．新しい食糧源を作る renew 関数では，コンストラクタの領域を確保した後の処理が実行されます．

evaluate 関数では，式 (4.22) に基づいて食糧源の評価値を求めます．コンストラクタ，change 関数，および renew 関数では，位置を変更した後で evaluate 関数を呼び出して評価値を算出します．

Flower クラスの主要な処理は，目標の食糧源の近くの食糧源を作る change 関数です．最初に目標の食糧源の位置をコピーし，変更する位置の添え字 i と，目標の食糧源とは異なる食糧源の添え字 j をランダムに決めます．j 番の食糧源の位置の i 番の要素を用いて，位置の i 番の要素を変更します．

Flower.cpp の実装例を以下に記します．

Flower.cpp

```
#include "Flower.h"

// コンストラクタ
// argFSet: 属している食糧源集合
Flower::Flower(FlowerSet *argFSet)
{
    int i;

    fSet = argFSet;
    pos = new double [fSet->dataset->exVarNum];
    for(i = 0; i < fSet->dataset->exVarNum; i++) {
        pos[i] = COEF_MIN + (COEF_MAX - COEF_MIN) * RAND_01;
    }
    visitNum = 0;
    evaluate();
}

// デストラクタ
Flower::~Flower()
{
    delete [] pos;
}

// baseの近くの食糧源に変更する
// base: もとにする食糧源の添え字
void Flower::change(int base)
{
    int i, j;

    for(i = 0; i < fSet->dataset->exVarNum; i++) {
        pos[i] = fSet->flower[base]->pos[i];
```

```
    }
    i = rand() % fSet->dataset->exVarNum;
    j = (base + (rand() % (EBEE_NUM - 1) + 1)) % EBEE_NUM;
    pos[i] = pos[i]
            + (rand() / (RAND_MAX / 2.0) - 1)
              * (pos[i] - fSet->flower[j]->pos[i]);
    visitNum = 0;
    evaluate();
}

// 新しい食糧源に変更する
void Flower::renew()
{
    int i;

    for(i = 0; i < fSet->dataset->exVarNum; i++) {
        pos[i] = COEF_MIN + (COEF_MAX - COEF_MIN) * RAND_01;
    }
    visitNum = 0;
    evaluate();
}

// 評価値を算出する
void Flower::evaluate()
{
    int i, j;
    double diff;

    value = 0.0;
    for(i = 0; i < fSet->dataset->dataNum; i++) {
        diff = fSet->dataset->resSData[i];
        for(j = 0; j < fSet->dataset->exVarNum; j++) {
            diff -= pos[j] * fSet->dataset->exSData[i][j];
        }
        value += pow(diff, 2.0);
    }
}
```

4.6.7　Dataset クラスのメンバ関数

Dataset クラスのオブジェクトは，各行が 1 データで，1〜N 列に 1〜N 番目の説明変数の値，$N+1$ 列に目的変数の値が書かれた CSV 形式のファイルを読み込んで生成します．表 4.1 のデータを読み込むときの CSV ファイルはリスト 4.5 のようになります．

リスト 4.5 CSV ファイルの例

```
7.54,23.23,21.90
3.12,23.23,23.12
3.44,23.77,23.43
12.52,27.00,23.77
8.20,25.87,24.00
5.36,26.23,25.40
```

まず，CSV ファイルを一通り走査してデータ数 dataNum と説明変数の個数 exVarNum を設定します．このとき，空のデータや列数が異なるデータが含まれているなど，CSV ファイルに不備がある場合には，エラーメッセージを出力してプログラムを終了します．データを読み込む領域を確保した後，オリジナルのデータを配列変数 exData，resData に読み込み，平均と標準偏差を求めて，標準化データを配列変数 exSData，resSData に格納します．

Dataset.cpp の実装例を以下に記します．

Dataset.cpp

```
#include "Dataset.h"

// コンストラクタ
// fileName: データセットのファイル名
Dataset::Dataset(char *fileName)
{
   int i, j, columnNum;
   char line[1024];
   FILE *fp;
   char *pos1;
   char *pos2;

   // 説明変数の数とデータ数の取得
   if((fp = fopen(fileName, "r")) == NULL) {
      printf("%sが開けません. \n", fileName);
      exit(1);
   }
   exVarNum = -1;
   dataNum = 0;
   while(fgets(line, 1024, fp)) {
      if(strcmp(line, "\n")) {
         columnNum = 1;
         pos1 = line;
         do {
            pos2 = strchr(pos1, ',');
            if(pos2) {
```

```
                if(pos2 == pos1) {
                    printf("空のデータが含まれています．");
                    exit(1);
                }
                columnNum++;
                pos1 = pos2 + 1;
            }
        } while(pos2);
        if(*pos1 == '\n') {
            printf("空のデータが含まれています．");
            exit(1);
        }
        if(exVarNum == -1) {
            exVarNum = columnNum - 1;
        } else if(exVarNum != columnNum - 1) {
            printf("列数の異なるレコードがあります．");
            exit(1);
        }
        dataNum++;
    }
}
fclose(fp);

// 領域を確保し初期化する
exData = new double* [dataNum];
exSData = new double* [dataNum];
resData = new double [dataNum];
resSData = new double [dataNum];
exAve = new double [exVarNum];
exSd = new double [exVarNum];
coef = new double [exVarNum];
for(j = 0; j < exVarNum; j++) {
    exAve[j] = 0.0;
    exSd[j] = 0.0;
}
resAve = 0.0;
resSd = 0.0;

// データを読込む
if((fp = fopen(fileName, "r")) == NULL) {
    printf("%sが開けません．\n", fileName);
    exit(1);
}
for(i = 0; i < dataNum; i++) {
    exData[i] = new double [exVarNum];
    exSData[i] = new double [exVarNum];
    fgets(line, 1024, fp);
    pos1 = line;
    for(j = 0; j < exVarNum; j++) {
```

```
            pos2 = strchr(pos1, ',');
            *pos2 = '\0';
            exData[i][j] = atof(pos1);
            exAve[j] += exData[i][j];
            pos1 = pos2 + 1;
        }
        pos2 = strchr(pos1, '\n');
        *pos2 = '\0';
        resData[i] = atof(pos1);
        resAve += resData[i];
    }
    fclose(fp);

    // 平均と標準偏差を算出する
    for(j = 0; j < exVarNum; j++) {
        exAve[j] /= dataNum;
        for(i = 0; i < dataNum; i++) {
            exSd[j] += pow(exData[i][j] - exAve[j], 2.0);
        }
        exSd[j] = sqrt(exSd[j] / dataNum);
    }
    resAve /= dataNum;
    for(i = 0; i < dataNum; i++) {
        resSd += pow(resData[i] - resAve, 2.0);
    }
    resSd = sqrt(resSd / dataNum);

    // 標準化データに変換する
    for(i = 0; i < dataNum; i++) {
        for(j = 0; j < exVarNum; j++) {
            exSData[i][j] = (exData[i][j] - exAve[j]) / exSd[j];
        }
        resSData[i] = (resData[i] - resAve) / resSd;
    }
}

// デストラクタ
Dataset::~Dataset()
{
    int i;

    for(i = 0; i < dataNum; i++) {
        delete [] exData[i];
        delete [] exSData[i];
    }
    delete [] exData;
    delete [] exSData;
    delete [] resData;
    delete [] resSData;
```

```
	delete [] exAve;
	delete [] exSd;
	delete [] coef;
}

// 標準偏回帰係数から偏回帰係数と定数項を算出する
// sCoef: 標準偏回帰係数の配列
void Dataset::setCoef(double *sCoef)
{
	int i;

	constant = resAve;
	for(i = 0; i < exVarNum; i++) {
		coef[i] = resSd / exSd[i] * sCoef[i];
		constant -= coef[i] * exAve[i];
	}
}

// 重回帰式を表示する
void Dataset::printEcuation()
{
	int i;

	printf("重回帰式：y = ");
	for(i = 0; i < exVarNum; i++) {
		printf("%.3f x%d + ", coef[i], i + 1);
	}
	printf("%.3f\n", constant);
}
```

第 5 章

粒子群最適化

5.1 鳥や魚の群れ

スズメやムクドリなどの鳥が群れをなして空を飛んでいる様子を一度は見たことがあるのではないでしょうか．また，水族館に行くと，大型の水槽の中でイワシなどの魚が群れをつくって泳いでいる様子を見ることができます．ある種類の鳥や魚は，敵から身を守ったり，餌を効率よく見つけたりするために，大きな群れをつくって生活しています．小さな鳥や魚でも群れをなしていると大きな個体に見せかけられるので，敵の襲撃を回避することができます．個々の個体の立場から考えると，群れの中にいる方が自分が捕食される確率が低くなるという**薄めの効果**（dilution effect）もあります．また，他の個体の後ろを飛んだり泳いだ

図 5.1　群れで泳ぐ魚

図 5.2　群れで餌を探す鳥

りするほうが抵抗が少なくて済みます．餌の在り処を探すときには，大勢のほうが一度に広範囲を探すことができます．

群れの動きを観察していると，リーダー格の個体がいて全体の動きの指揮を執っているようには見えないにもかかわらず，各個体は一定の間隔を保ちながら同じ方向に動きます．群れの形や移動方向は変わっても，群れがばらけることはなく，まるで１つの大きな個体が動いているように見えます．これは，群れに属するすべての個体の行動が以下のような行動モデルに基づいているからだといわれています．

- 近くにいる個体にのみ影響されて行動する．
- 他の個体の近くにとどまろうとするが，一定以上は近付かない．
- 他の個体の速度に合わせて移動する．

群れに属する個体間では情報交換がなされており，餌の在り処や移動方向などに関する情報は群れのすべての個体に迅速に伝達されます．これにより，群れ全体として効率よく目的を達成する行動が取れるのです．

5.2 解表現と基本アルゴリズム

粒子群最適化（particle swarm optimization: **PSO**）は，1995 年に James Kennedy と Russ Eberhart によって提案された最適解探索アルゴリズムです．鳥や魚が群れで効率よく餌を探す行動のうち，以下の点に着目しています．

- すべての個体が一斉に移動する．
- 他の個体の行動に応じて速度を調整しながら移動する．
- 餌の在り処に関する情報は群れ全体に伝達される．

ここで，鳥や魚など群れをなして行動する個体を**粒子**（particle），粒子の群れを**粒子群**（particle swarm）と呼びます．また，群全体としてこれまでに見つけた最良の位置をグローバルベスト，近傍の最良の個体の位置をローカルベスト，自分自身がこれまでに見つけた最良の位置をパーソナルベストとして，各粒子は以下のように行動するものと仮定します．

1. グローバルベストに関する情報を得ている．
2. 自分のローカルベストに関する情報を得ている．
3. パーソナルベストを記憶している．
4. 1 または 2，および 3 の位置情報から次の時刻での移動速度と移動先の位置を決める．

先に述べたように，実際の粒子は他の粒子との距離を一定に保ったり，速度を合わせたりしますが，この辺りは無視して，既知の良い位置をもとに速度と移動先を決めます．以降では，グローバルベストとパーソナルベストに基づいて速度と移動先を決めることとします．

粒子群最適化では，問題に対する解を粒子の位置として表現し，複数の粒子を繰り返し移動させてより餌に近い位置を見つけることで，最適解を導きます．遺伝的アルゴリズムの個体が粒子，染色体が粒子の位置に相当します．また，遺伝的アルゴリズムで適応度関数を用いて個体を評価するのと同様に，餌への近さを対象問題の解としての良さと考えて各粒子の位置を評価し，より評価の高い位置にいる粒子を良い粒子とします．

問題の解が N 個の値からなるとき，粒子は N 次元空間を移動するものとして，粒子の位置を N 次元ベクトルで表します．時刻 t の粒子 P_i の位置の要素が $x_1^i(t)$，$x_2^i(t)$，$\cdots$，$x_N^i(t)$ であるとき，時刻 t の粒子 P_i の位置 $\overrightarrow{x_i}(t)$ は式 (5.1) のようになります．

$$\overrightarrow{x_i}(t) = \begin{pmatrix} x_1^i(t) \\ x_2^i(t) \\ \vdots \\ x_N^i(t) \end{pmatrix} \tag{5.1}$$

粒子の数を M とすると，式 (5.2) に示す集合 $X(t)$ が時刻 t における解候補の集合となります．

$$X(t) = \{\overrightarrow{x_1}(t), \overrightarrow{x_2}(t), \cdots, \overrightarrow{x_M}(t)\} \tag{5.2}$$

基本アルゴリズムのフローチャートを図 5.3 に示します．最初に，粒子群に含まれる粒子をランダムに生成し，問題の解としての適切さに基づいて評価します．このとき，粒子群のグローバルベストと，各粒子のパーソナルベストも設定します．

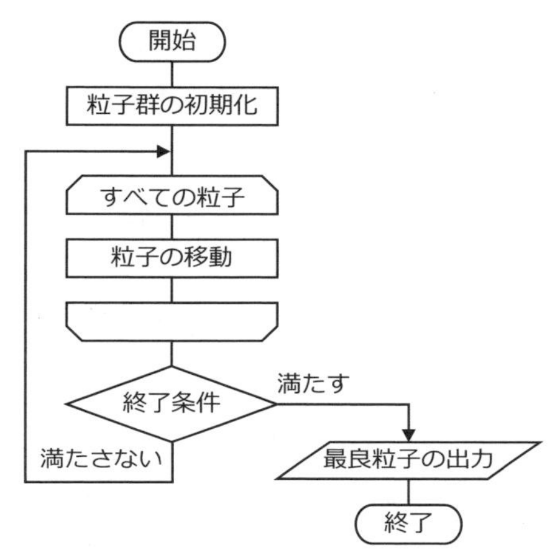

図 5.3　基本アルゴリズム

粒子 P_i の位置 $\overrightarrow{x_i}$ の j 番目の成分 x^i_j の下限値 $xmin_j$，および上限値 $xmax_j$ に加え，速度 $\overrightarrow{v_i}$ の j 番目の成分 v^i_j の下限値 $vmin_j$，および上限値 $vmax_j$ を定めると，粒子の位置と速度の各成分は式 (5.3)，(5.4) により初期化できます．

$$x^i_j = xmin_j + (xmax_j - xmin_j) \times rand[0,1] \tag{5.3}$$

$$v^i_j = vmin_j + (vmax_j - vmin_j) \times rand[0,1] \tag{5.4}$$

ここで，$rand[0,1]$ は 0 以上 1 以下の実数乱数を生成する関数です．

初期の粒子群が生成されたら，終了条件が満たされるまで粒子の移動を繰り返します．随時，グローバルベストとパーソナルベストを更新し，終了条件が満たされたときにグローバルベストを解として出力します．終了条件としては，一定回数の繰返しを終える，目標とする評価値の粒子が得られる，グローバルベストが一定期間変化しない，などを指定します．

5.3　粒子の速度と位置

時刻 $t+1$ での粒子 P_i の移動先 $\overrightarrow{x_i}(t+1)$ を決めるにあたり，まず移動速度 $\overrightarrow{v_i}(t+1)$ を求めます．時刻 t での移動速度 $\overrightarrow{v_i}(t)$ を基準として，現在の位置 $\overrightarrow{x_i}(t)$ からグローバルベスト $\overrightarrow{g}(t)$ とパーソナルベスト $\overrightarrow{p_i}(t)$ の方向に向かわせるよう

にします．算出式を式 (5.5) に示します．

$$\begin{aligned}\overrightarrow{v_i}(t+1) = I\overrightarrow{v_i}(t) + A_g\left\{\overrightarrow{g}(t) - \overrightarrow{x_i}(t)\right\} \times rand[0,1] \\ +A_p\left\{\overrightarrow{p_i}(t) - \overrightarrow{x_i}(t)\right\} \times rand[0,1]\end{aligned} \tag{5.5}$$

I は慣性係数と呼ばれる定数で，1 より少し小さい値に設定します．また，A_g と A_p は加速係数と呼ばれる定数で，1 に近い値を指定します．算出された移動速度に基づいて，時刻 $t+1$ での位置 $\overrightarrow{x_i}(t+1)$ を式 (5.6) により求めます．

$$\overrightarrow{x_i}(t+1) = \overrightarrow{x_i}(t) + \overrightarrow{v_i}(t+1) \tag{5.6}$$

ここで，式 (5.5) と式 (5.6) により，時刻 $t+1$ でグローバルベストとパーソナルベストの方向に移動できるかを確認してみましょう．まず，式 (5.5) の右辺第 2 項により移動方向がグローバルベストの方向に変化することを確かめるために，時刻 $t+1$ での移動速度 $\overrightarrow{v_i}(t+1)$ を式 (5.7) により求めるときを考えます．

$$\overrightarrow{v_i}(t+1) = \overrightarrow{v_i}(t) + 0.5\left\{\overrightarrow{g}(t) - \overrightarrow{x_i}(t)\right\} \tag{5.7}$$

図 5.4(a) は，時刻 $t-1$ で点 A に移動した鳥 B_i が，時刻 t で $\overrightarrow{v_i}(t)$ により点 B に移動した様子を示しています．このまま時刻 $t+1$ でも $\overrightarrow{v_i}(t)$ の速度で移動すると点 C に到達しますが，時刻 $t+1$ での速度 $\overrightarrow{v_i}(t+1)$ には $0.5\left\{\overrightarrow{g}(t) - \overrightarrow{x_i}(t)\right\}$ が加わります．

図 5.4(b) のようにグローバルベストである点 G が存在するとき，$\overrightarrow{g}(t) - \overrightarrow{x_i}(t)$ は $\overrightarrow{\mathrm{BG}}$ になります．$0.5\left\{\overrightarrow{g}(t) - \overrightarrow{x_i}(t)\right\}$ は，$\overrightarrow{\mathrm{BD}}$ と向きは同じで長さが 0.5 倍のベクトルなので，$\overrightarrow{v_i}(t+1)$ は図 5.4(c) に示す $\overrightarrow{\mathrm{BD}}$ になります．したがって，図 5.4(d) に示すように，$\overrightarrow{x_i}(t+1)$ は $\overrightarrow{\mathrm{OD}}$ となります．速度を $\overrightarrow{v_i}(t)$ のままで移動したときよりも，移動先がグローバルベストに近づくことがわかります．

式 (5.5) の右辺第 3 項についても同様に考えられるので，式 (5.5) と式 (5.6) により，時刻 $t+1$ ではグローバルベストとパーソナルベストに近づくように移動するといえます．

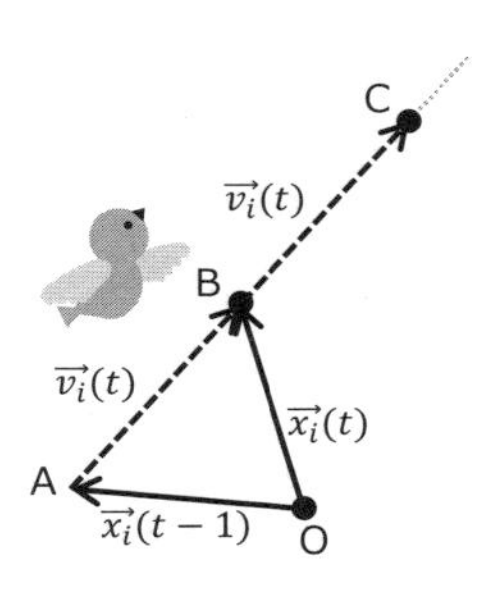

(a) 時刻 $t-1$ での移動先

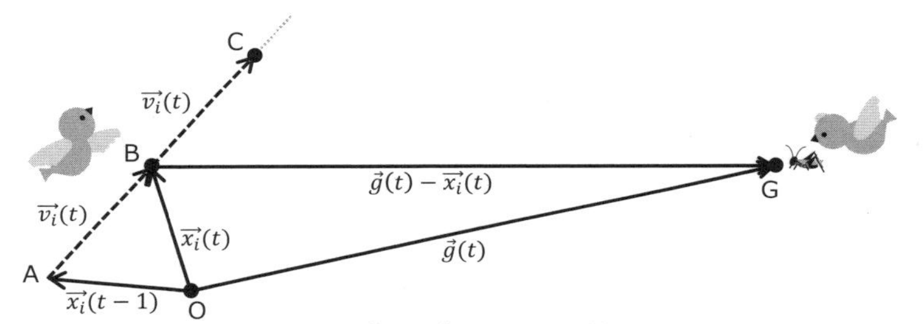

(b) グローバルベストとの差

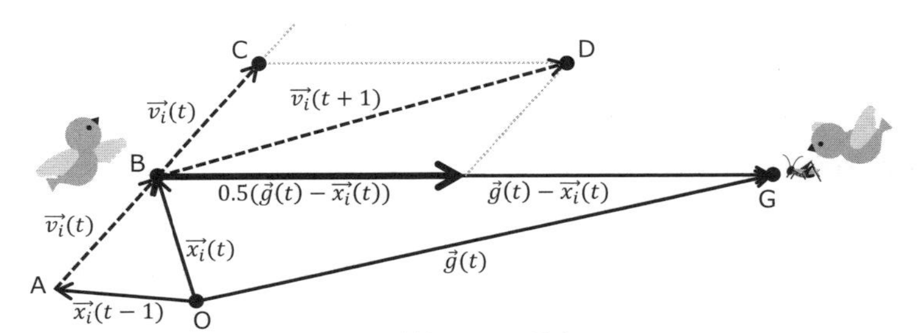

(c) 時刻 $t+1$ の速度

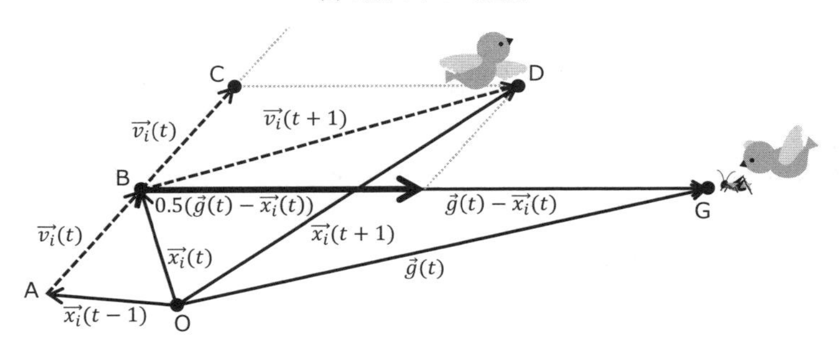

(d) 時刻 t での移動先

図 5.4　移動先の決定

5.4 プログラムの実装例

本節では，粒子群最適化により重回帰式を導出するプログラムを C++ で実装する方法について解説します．4.6 節で紹介した人工蜂コロニーアルゴリズムでの実装と同様に，与えられたデータを標準化して標準偏回帰係数を求め，標準偏回帰係数から偏回帰係数と定数項を求めることで元のデータの重回帰式を導出します．また，データセットを保持，操作するクラス Dataset のソースとしては，4.6 節で提示した Dataset.h と Dataset.cpp をそのまま使用します．

5.4.1 粒子の位置と評価関数

説明変数が N 個のとき，要素数が N 個の実数型配列変数 pos で粒子の位置を表し，各要素は -1 以上 1 以下の実数の値を取ることにします．pos[i] が $i+1$ 番目の説明変数の偏回帰係数を表します．粒子 P の評価値 $value(P)$ を算出する評価関数を式 (5.8) により定義します．

$$value(P) = \sum_{i=0}^{D-1} \left(resSData[i] - \sum_{j=0}^{N-1} pos[j] \times exSData[i][j] \right)^2 \tag{5.8}$$

ここで，D はデータ数，$exSData$ は標準化したデータの説明変数が格納されている 2 次元配列，$resSData$ は標準化したデータの目的変数が格納されている 1 次元配列です．

5.4.2 クラスとメイン関数

オブジェクト指向による粒子群最適化の実装のために必要なクラスは，粒子群のクラスと粒子のクラスです．前者を Swarm クラス，後者を Particle クラスとしたときの各クラスのヘッダファイルをリスト 5.1，リスト 5.2 に示します．また，メイン関数はリスト 5.3 のようになります．4.6 節における人工蜂コロニーアルゴリズムの FlowerSet クラスが Swarm クラス，Flower クラスが Particle クラスに相当するので，リスト 4.1，リスト 4.2，リスト 4.4 と比較してみましょう．

リスト 5.1 Swarm クラスのヘッダファイル

```
#include "Particle.h"
class Particle;

class Swarm
{
public:
    Swarm(char *fileName);
    ~Swarm();
    void move();            // 粒子を移動する
    void printResult();     // 結果を表示する

    Dataset *dataset;       // データセット
    Particle **particle;    // 粒子群のメンバ
    double *gBestPos;       // グローバルベストの位置
    double gBestValue;      // グローバルベストの評価値
};
```

粒子群のメンバは Particle クラスのオブジェクトへのポインタを要素とする配列変数 particle で参照できるようにします．Particle クラスのオブジェクトでは，Swarm クラスのオブジェクトへのポインタ swarm により，自身が属している粒子群を参照しています．Swarm クラスと Particle クラスは互いに参照しているので，ヘッダファイルで前方宣言をしています．

Swarm クラスのメンバ変数には，particle の他に，データセットを参照するポインタ dataset，グローバルベストの位置と評価値を保持するための gBestPos と gBestValue があります．Particle クラスには，swarm の他に，粒子の位置を表す pos，評価値を表す value，速度を表す velocity，パーソナルベストの位置と評価値を保持するための pBestPos と pBestValue というメンバ変数があります．

リスト 5.2 Particle クラスのヘッダファイル

```
#include "Dataset.h"
#include "Swarm.h"
class Swarm;

// 定数の定義
#define TIME_MAX    1000 // 最終時刻
#define SWARM_SIZE  100  // 粒子群のサイズ
#define INERTIA     0.9  // 慣性係数
#define ACCEL_P     0.8  // 加速係数（パーソナルベスト）
#define ACCEL_G     0.8  // 加速係数（グローバルベスト）
```

```
#define COEF_MIN    -1    // 標準偏回帰係数の最小値
#define COEF_MAX    1     // 標準偏回帰係数の最大値

// 0以上1以下の実数乱数
#define RAND_01 ((double)rand() / RAND_MAX)

class Particle
{
public:
   Particle(Swarm *argPS);
   ~Particle();
   void move();          // 粒子を移動する

   Swarm *swarm;         // 属している粒子群
   double *pos;          // 位置
   double *velocity;     // 速度
   double value;         // 評価値

private:
   void evaluate();      // 評価値を算出する

   double *pBestPos;     // パーソナルベストの位置
   double pBestValue;    // パーソナルベストの評価値
};
```

メイン関数の定義に先立ち，Swarm.h をインクルードします．データセットのファイル名を引数で渡して Swarm クラスのオブジェクトを生成し，粒子群の移動を時刻 TIME_MAX まで繰り返して，最良粒子の位置を解として出力します．大まかな流れは人工蜂コロニーアルゴリズムの実装例であるリスト 4.4 と同様です．

リスト 5.3　メイン関数

```
#include "Swarm.h"

int main()
{
   int t;
   Swarm *swarm;

   srand((unsigned int)time(NULL));

   swarm = new Swarm("sampledata.csv");
   for(t = 1; t <= TIME_MAX; t++) {
      swarm->move();
      printf("時刻%d：最良評価値%f\n", t, swarm->gBestValue);
   }
```

```
    swarm->printResult();
    delete swarm;

    return 0;
}
```

5.4.3　メンバ関数

Swarm クラスのコンストラクタでは，引数で受け取ったファイル名を Dataset クラスのコンストラクタに渡し，Dataset クラスのオブジェクトを生成します．また，各変数の領域を確保し，初期の粒子群を作りつつ，最も良い粒子の位置と評価値をグローバルベストとして記録します．Particle クラスのオブジェクトを生成するときには，自分自身へのポインタを Particle クラスのコンストラクタに渡します．

move 関数では，すべての粒子に対して Particle クラスの move 関数により移動処理を施します．グローバルベストより良い粒子が得られた場合には，グローバルベストの位置と評価値を更新します．

Swarm.cpp の実装例を以下に記します．

Swarm.cpp

```
#include "Swarm.h"

// コンストラクタ
// fileName: データセットのファイル名
Swarm::Swarm(char *fileName)
{
    int i, best;

    dataset = new Dataset(fileName);
    particle = new Particle* [SWARM_SIZE];
    best = 0;
    for(i = 0; i < SWARM_SIZE; i++) {
        particle[i] = new Particle(this);
        if(particle[best]->value > particle[i]->value) {
            best = i;
        }
    }
    gBestPos = new double [dataset->exVarNum];
    for(i = 0; i < dataset->exVarNum; i++) {
        gBestPos[i] = particle[best]->pos[i];
    }
```

```
    gBestValue = particle[best]->value;
}

// デストラクタ
Swarm::~Swarm()
{
    int i;

    for(i = 0; i < SWARM_SIZE; i++) {
        delete particle[i];
    }
    delete [] particle;
    delete [] gBestPos;
    delete dataset;
}

// 粒子を移動し，グローバルベストを更新する
void Swarm::move()
{
    int i, best;

    // すべての粒子を移動する
    best = -1;
    for(i = 0; i < SWARM_SIZE; i++) {
        particle[i]->move();
        if(gBestValue > particle[i]->value) {
            best = i;
        }
    }

    // グローバルベストを更新する
    if(best != -1) {
        for(i = 0; i < dataset->exVarNum; i++) {
            gBestPos[i] = particle[best]->pos[i];
        }
        gBestValue = particle[best]->value;
    }
}

// 結果を表示する
void Swarm::printResult()
{
    dataset->setCoef(gEestPos);
    dataset->printEquation();
}
```

Particle クラスのコンストラクタでは，引数で受け取った Swarm クラスのオブジェクトへのポインタを swarm に設定します．また，各変数の領域を確保

し，位置を表す配列変数 pos と速度を表す配列変数 velocity を初期化します．パーソナルベストの位置と評価値は evaluate 関数で設定されるので，ここでは評価値を DBL_MAX に初期化し，位置を表す配列に関しては領域を確保するのみにとどめます．

evaluate 関数では，式 (5.8) に基づいて粒子の評価値を求め，パーソナルベストを更新します．コンストラクタと move 関数では，位置を変更した後で evaluate 関数を呼び出して評価値を算出します．

move 関数では，Particle クラスの主要な処理である粒子の移動を実行します．グローバルベストとパーソナルベストにより速度を更新し，速度を加えて位置を更新します．速度のすべての要素を求めてから位置を更新するのではなく，速度と位置の要素を 1 つずつ求めていくことで，for 文を 1 つにして効率化を図っています．

Particle.cpp の実装例を以下に記します．

Particle.cpp

```
#include "Particle.h"

// コンストラクタ
// argSwarm: 属している粒子群
Particle::Particle(Swarm *argSwarm)
{
    int i;

    swarm = argSwarm;
    pos = new double [swarm->dataset->exVarNum];
    velocity = new double [swarm->dataset->exVarNum];
    for(i = 0; i < swarm->dataset->exVarNum; i++) {
        pos[i] = COEF_MIN + (COEF_MAX - COEF_MIN) * RAND_01;
        velocity[i] = COEF_MIN + (COEF_MAX - COEF_MIN) * RAND_01;
    }
    pBestPos = new double [swarm->dataset->exVarNum];
    pBestValue = DBL_MAX;
    evaluate();
}

// デストラクタ
Particle::~Particle()
{
    delete [] pos;
    delete [] velocity;
    delete [] pBestPos;
}
```

```
// 粒子を移動する
void Particle::move()
{
   int i;

   for(i = 0; i < swarm->dataset->exVarNum; i++) {
      velocity[i] = INERTIA * velocity[i]
                  + ACCEL_G * (swarm->gBestPos[i] - pos[i]) * RAND_01
                  + ACCEL_P * (pBestPos[i] - pos[i]) * RAND_01;
      pos[i] += velocity[i];
   }
   evaluate();
}

// 評価値を算出し，パーソナルベストを更新する
void Particle::evaluate()
{
   int i, j;
   double diff;

   // 評価値を算出する
   value = 0.0;
   for(i = 0; i < swarm->dataset->dataNum; i++) {
      diff = swarm->dataset->resSData[i];
      for(j = 0; j < swarm->dataset->exVarNum; j++) {
         diff -= pos[j] * swarm->dataset->exSData[i][j];
      }
      value += pow(diff, 2.0);
   }

   // パーソナルベストを更新する
   if(pBestValue > value) {
      for(i = 0; i < swarm->dataset->exVarNum; i++) {
         pBestPos[i] = pos[i];
      }
      pBestValue = value;
   }
}
```

第6章

ホタルアルゴリズム

6.1 ホタルの発光行動

初夏の夜，都会の喧騒を離れ，清流の音に耳を澄ませながら光るホタルが舞うのを鑑賞すると，心が洗われたような気持ちになるものです．この初夏の風物詩ともいえるホタルの発光行動は，仲間に自分の位置を伝達したり，オスがメスに求愛したりするためのコミュニケーションだといわれており，複雑な発光パターンでさまざまな情報を伝達していると考えられています．すべての種類のホタルが光るわけではなく，日本でよく鑑賞されているホタルはゲンジボタルやヘイケボタルです．オスのほうがより強い光を放ちますが，メスも光ります．腹部の先端にある発光器で，発光物質ルシフェリンと発光酵素ルシフェラーゼがアデノシン三リン酸（ATP）をエネルギー源として結びつき，空気中の酸素と反応することで発光体オキシルシフェリンが生成されて発光します．

図 6.1　ホタルの求愛行動

発光する間隔はホタルの種類や生息場所，気温によって変化します．同じゲンジボタルでも，東日本より西日本のゲンジボタルのほうが発光間隔は短いことが確認されています．また，気温が高いときのほうが低いときと比べて発光間隔は短くなります．ホタルの種類によっても発光間隔は異なり，他の種類のメスの発光パターンを真似てオスをおびき寄せ，食べてしまう種類もいます．

求愛行動の際には，オスは光りながら飛び回り，草むらで光っているメスを探します．このとき，既に交尾を終えたメスは草陰で弱く光っていますが，未交尾のメスは葉の上で強い光を放っています．オスはより明るく光っているメスの近くに降り立ち，メスのいるところまで歩いて行って交尾しますが，メスの手前で飛び立ち，別のメスを探し始めることもあります．

6.2 解表現と基本アルゴリズム

ホタルアルゴリズム（firefly algorithm）は，ホタルの求愛行動にヒントを得て 2007 年に Xin-She Yang が提案した最適解探索アルゴリズムです．多峰性の最適化問題の解探索に適しています．ホタルの求愛行動に関して以下の点に注目します．

- メスは交尾の前後で居場所や光の強度が異なる．
- オスはメスを探して飛び回り，光っているメスに近づく．
- オスはより明るく光っているメスに引き寄せられる．

実際にはオスがメスに向かって移動しますが，モデル化する際には以下のように単純化して考えます．

1. 雌雄は考えず，すべてのホタルが移動する．
2. ホタルが放つ光の強度は位置によって変わる．
3. 強い光を放っているホタルには他のホタルが近づいてくる．
4. 魅力的であるほど，他のホタルは近くに寄ってくる．
5. 光っているホタルが近くにいないときはランダムに飛ぶ．

2 はメスの性質，3～5 はオスの性質に基づいています．各個体には性別を持たせず，評価されるときにはメスの性質，移動するときにはオスの性質を引き継ぐというように，両者の特徴を合わせ持つホタルを考えます．

オスにとっての求愛対象は，草陰にいる光の弱いメスではなく，葉先で明るく光っているメスです．すなわち，オスにとってのメスの評価は光の強度によって変わり，メスの光の強度は草陰と葉先で変わるといえます．これを拡大解釈して，ホタルは存在する位置によって決まる光の強度で評価されるものとします．

実際のオスとメスの光の強度を比較すると，オスのほうがメスよりも明るく光っていますが，ここでは雌雄を考えないので明るいほうがオスと判別することはせず，オスが光っているメスに近づいていく点に着目して，2 個体のうちより評価の高いほうに向かって他方を移動させます．このとき，どのくらい相手に近づくかは，相手の魅力の度合いによって決めます．

以上より，ホタルアルゴリズムでは，問題に対する解をホタルの位置，問題の解としての良さをホタルの光の強度として表現します．遺伝的アルゴリズムの個体がホタル，染色体がホタルの位置，適応度が光の強度に相当します．各時刻に 1 ペアのホタルに注目し，明るいほうに向かって他方を移動させる処理を繰り返すことで，より強い光を放っている明るいホタルを探索し，最適解を導きます．

問題の解が N 個の値からなるとき，ホタルは N 次元空間を飛び回るものとして，ホタルの位置を N 次元ベクトルで表します．時刻 t のホタル F_i の位置の要素が $x_1^i(t)$，$x_2^i(t)$，$\cdots$，$x_N^i(t)$ であるとき，時刻 t のホタル F_i の位置 $\overrightarrow{x_i}(t)$ は式 (6.1) のようになります．

$$\overrightarrow{x_i}(t) = \begin{pmatrix} x_1^i(t) \\ x_2^i(t) \\ \vdots \\ x_N^i(t) \end{pmatrix} \tag{6.1}$$

ホタルの数を M とすると，式 (6.2) に示す集合 $X(t)$ が時刻 t における解候補の集合となります．

$$X(t) = \{\overrightarrow{x_1}(t), \overrightarrow{x_2}(t), \cdots, \overrightarrow{x_M}(t)\} \tag{6.2}$$

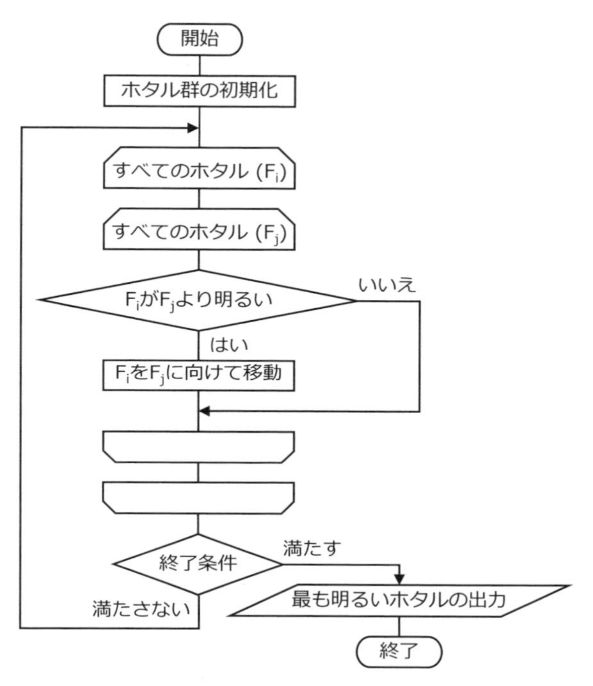

図 6.2　基本アルゴリズム

基本アルゴリズムのフローチャートを図 6.2 に示します．最初に，指定された数のホタルをランダムに生成し，問題の解としての適切さに基づいて各ホタルの光の強度を算出します．このとき，初期のホタル群における最も明るいホタルの位置と光の強度を記録します．初期のホタル群が生成されたら，終了条件が満たされるまですべてのホタルのペアに関する移動処理を繰り返します．移動処理では，各時刻に 1 ペア 2 個体のホタルに注目します．1 頭のホタル F_i に対して他のホタル F_j を比較対象とし，F_i のほうが F_j より光の強度が強ければ，F_i を F_j の方向に移動します．随時，最も明るいホタルの位置と光の強度を更新し，終了条件が満たされたときに解として出力します．終了条件としては，一定回数の繰返しを終える，目標とする光の強度のホタルが得られる，最も明るいホタルが一定期間変化しない，などを指定します．

6.3 ホタルの移動

1 ペアのホタルに対する移動処理では，2 個体のうちより評価の高いほうに向かって他方を移動させますが，どのくらい相手に近づくかは，相手の魅力の度合いによって決めます．ホタルにとっての魅力は光の強度なので，魅力を光の強度の性質に基づいて定義します．

光は光源から離れるほど照射範囲が広くなるため，観測される光の強度は弱くなります．図 6.3 に示すように，光源からの距離と照射面積の二乗が比例することから，光の強度と光源からの距離の間には，逆二乗法則（inverse square law）が成り立ちます．すなわち，光源から距離 d の地点で観測する光の強度 $I(d)$ は，距離 d の二乗に反比例するということです．

$$I(d) \propto \frac{1}{d^2} \tag{6.3}$$

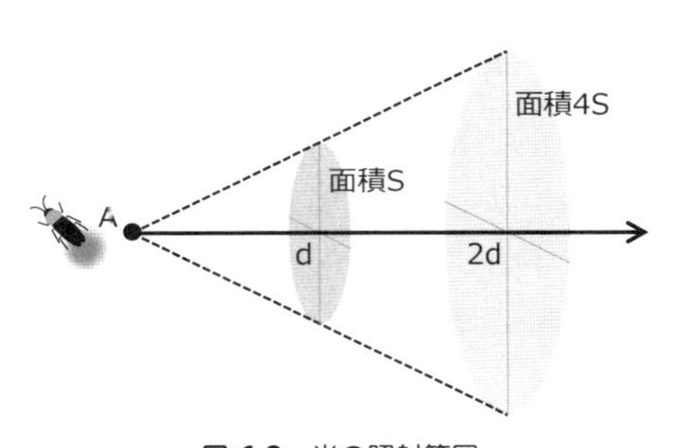

図 6.3　光の照射範囲

また，光は光源から観測地点に到達するまでに，間に存在する空気により吸収されるので，光の強度は空気による吸収によっても光源から離れるほど弱くなるといえます．光源での光の強度を I_0，空気における光の吸収係数を γ としたとき，光源から距離 d の地点で観測する光の強度 $I(d)$ は，光が溶液に吸収される度合を定式化したランベルト・ベールの法則により式 (6.4) のように表すことができます．

$$I(d) = I_0 e^{-\gamma d} \tag{6.4}$$

式 (6.3) と式 (6.4) の性質を考慮すると，光源から距離 d の地点で観測する光の強度 $I(d)$ は式 (6.5) で表されます．

$$I(d) = I_0 e^{-\gamma d^2} \tag{6.5}$$

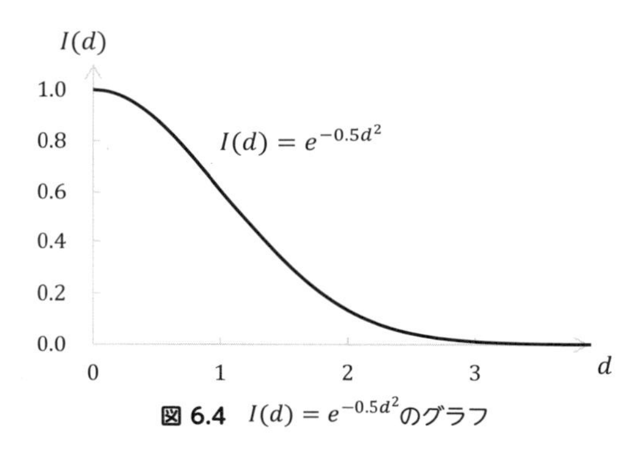

図 6.4 $I(d) = e^{-0.5d^2}$のグラフ

$I_0 = 1$，$\gamma = 0.5$ としたときの $I(d) = e^{-0.5d^2}$ のグラフを図 6.4 に示します．観測される光の強度が光源から離れるにつれてどのように弱くなるかがわかるでしょう．

時刻 t でホタル F_i とホタル F_j の 2 個体に注目しており，F_i のほうが F_j より評価が高いとき，F_i は F_j の位置 $\overrightarrow{x_j}(t)$ に向かって移動します．ホタルの魅力を光の強度の性質に基づいて定義すると，F_i から見た F_j の魅力 $attract(F_i, F_j)$ は式 (6.7) で表されます．

$$d_{ij} = |\overrightarrow{x_j}(t) - \overrightarrow{x_i}(t)| \tag{6.6}$$

$$attract(F_i, F_j) = \beta_0 e^{-\gamma {d_{ij}}^2} \tag{6.7}$$

F_i と F_j の距離 d_{ij} としては一般に式 (6.6) で表されるユークリッド距離を用いますが，他の距離を用いることもできます．β_0 はホタルの発光地点における誘引度を表す定数です．ホタルにとっての魅力は光の強度であることから，F_i の光の強度を使うことも考えられますが，ここではどのホタルでも発光地点では等しい誘引度を持つものとします．γ は，式 (6.4) では空気における光の吸収係数としましたが，ここでは魅力の変化を特徴付ける定数です．γ により $attract(F_i, F_j)$ の 0 への収束度合いが決まります．

ホタル F_i から見たホタル F_j の魅力 $attract(F_i, F_j)$ に基づいて，時刻 $t+1$ の

ホタル F_i の位置 $\overrightarrow{x_i}(t+1)$ を算出する式を式 (6.8) に示します．

$$\overrightarrow{x_i}(t+1) = \overrightarrow{x_i}(t) + attract(F_i, F_j)(\overrightarrow{x_j}(t) - \overrightarrow{x_i}(t)) + \alpha\overrightarrow{\varepsilon_i} \tag{6.8}$$

$\overrightarrow{\varepsilon_i}$ は正規分布，または一様分布に従う乱数で各成分を決定したベクトル，α はランダム性をどの程度取り入れるかを決める定数であり，第 3 項は「光っているホタルが近くにいないときはランダムに飛ぶ」ことを表現しています．F_i が F_j より評価が高くても，互いに離れていると F_j は F_i の視界に入らないため，F_i は F_j に近づくのではなく，ランダムに移動します．図 6.4 からわかるように，ホタルが遠くに位置している場合には魅力 $attract(F_i, F_j)$ の値は 0 に近くなるので，式 (6.8) の第 2 項は零ベクトルに近くなり，時刻 t での移動は第 3 項により決まることになります．

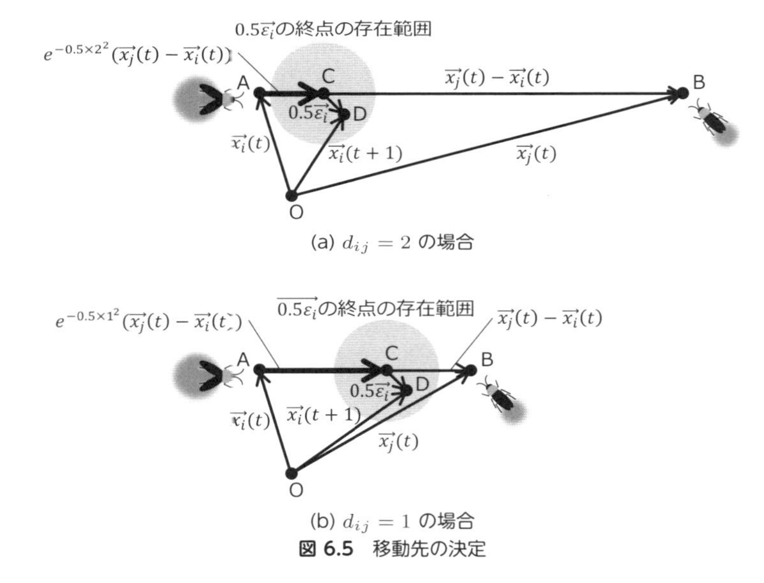

(a) $d_{ij} = 2$ の場合

(b) $d_{ij} = 1$ の場合

図 6.5　移動先の決定

$\alpha = 0.5$，$\beta_0 = 1$，$\gamma = 0.5$ とし，時刻 t にホタル F_i が点 A，ホタル F_j が点 B にいて，F_i が F_j に向かって移動するときを考えてみましょう．$d_{ij} = 2$ のときを図 6.5(a)，$d_{ij} = 1$ のときを図 6.5(b) に示します．$\overrightarrow{x_j}(t) - \overrightarrow{x_i}(t)$ は $\overrightarrow{\mathrm{AB}}$ なので，$attract(F_i, F_j)\overrightarrow{\mathrm{AE}} = \overrightarrow{\mathrm{AC}}$ が式 (6.8) の第 2 項のベクトルになります．各ベクトルが 2 次元であり，$\overrightarrow{\varepsilon_i}$ の各成分が -0.5〜0.5 の値を取るとすると，$\alpha\overrightarrow{\varepsilon_i}$ の終点 D の存在範囲は点 C を中心とする半径 0.25 の円の周および内部になり，

$\overrightarrow{x_i}(t+1)$ は $\overrightarrow{\mathrm{OD}}$ となります．図 6.5(a) と図 6.5(b) における $\overrightarrow{x_i}(t+1)$ を比較すると，$d_{ij}=1$ のときのほうが $d_{ij}=2$ のときよりも点 B の近くに移動することがわかります．

6.4 プログラムの実装例

本節では，ホタルアルゴリズムにより重回帰式を導出するプログラムを C++ で実装する方法について解説します．他のアルゴリズムでの実装と同様に，与えられたデータを標準化して標準偏回帰係数を求め，標準偏回帰係数から偏回帰係数と定数項を求めることで元のデータの重回帰式を導出します．また，データセットを保持，操作するクラス Dataset のソースとしては，4.6 節で提示した Dataset.h と Dataset.cpp をそのまま使用します．

6.4.1 ホタルの位置と評価関数

説明変数が N 個のとき，要素数が N 個の実数型配列変数 pos でホタルの位置を表し，各要素は -1 以上 1 以下の実数の値を取ることにします．pos[i] が $i+1$ 番目の説明変数の偏回帰係数を表します．ホタル F の光の強度 $intensity(F)$ を算出する評価関数を式 (6.9) により定義します．

$$intensity(F) = \sum_{i=0}^{D-1} \left(resSData[i] - \sum_{j=0}^{N-1} pos[j] \times exSData[i][j] \right)^2 \tag{6.9}$$

ここで，D はデータ数，$exSData$ は標準化したデータの説明変数が格納されている 2 次元配列，$resSData$ は標準化したデータの目的変数が格納されている 1 次元配列です．他のアルゴリズム同様，値が小さいほど評価が高いのですが，「光の強度」という名前に惑わされないよう，実装の際には特に注意が必要です．

6.4.2 クラスとメイン関数

オブジェクト指向によるホタルアルゴリズムの実装のために必要なクラスは，ホタル群を表すクラスとホタルのクラスです．前者を Population クラス，後者を Firefly クラスとしたときの各クラスのヘッダファイルをリスト 6.1，リスト 6.2 に示します．また，メイン関数はリスト 6.3 のようになります．4.6 節における人工蜂コロニーアルゴリズムの FlowerSet クラスが Population クラス，Flower クラスが Firefly クラスに相当するので，リスト 4.1，リスト 4.2，リスト 4.4 と比較してみましょう．

リスト 6.1 Population クラスのヘッダファイル

```
#include "Firefly.h"
class Firefly;

class Population
{
public:
    Population(char *fileName);
    ~Population();
    void move();            // ホタルを移動する
    void printResult(); // 結果を表示する

    Dataset *dataset;     // データセット
    Firefly **firefly;  // ホタル群のメンバ
    double *bestPos;      // 最も明るいホタルの位置
    double bestInt;       // 最も明るいホタルの光の強度
};
```

ホタル群のメンバは Firefly クラスのオブジェクトへのポインタを要素とする配列変数 firefly で参照できるようにします．Firefly クラスのオブジェクトでは，Population クラスのオブジェクトへのポインタ pop により，自身が属しているホタル群を参照しています．Population クラスと Firefly クラスは互いに参照しているので，ヘッダファイルで前方宣言をしています．

Population クラスのメンバ変数には，firefly の他に，データセットを参照するポインタ dataset，最も明るいホタルの位置と光の強度を保持する bestPos，bestInt があります．Firefly クラスには，pop の他に，ホタルの位置を表す pos と光の強度を表す intensity というメンバ変数があります．

リスト 6.2 Firefly クラスのヘッダファイル

```
#include "Dataset.h"
#include "Population.h"
class Population;

// 定数の定義
#define TIME_MAX    100 // 最終時刻
#define POP_SIZE    100 // ホタル群のサイズ
```

```
#define ABSORB      0.5 // 吸収係数
#define RANDOMIZE   0.5 // ランダム性パラメータ
#define ATTRACT     1   // 発光地点における誘引度
#define COEF_MIN    -1  // 標準偏回帰係数の最小値
#define COEF_MAX    1   // 標準偏回帰係数の最大値

// 0以上1以下の実数乱数
#define RAND_01 ((double)rand() / RAND_MAX)

class Firefly
{
public:
    Firefly(Population *argPop);
    ~Firefly();
    void move(Firefly *base); // ホタルを移動する

    Population *pop;            // 属しているホタル群
    double *pos;                // 位置
    double intensity;           // 光の強度

private:
    void evaluate();            // 光の強度を算出する
};
```

メイン関数の定義に先立ち，Population.h をインクルードします．データセットのファイル名を引数で渡して Population クラスのオブジェクトを生成し，ホタルの移動を時刻 TIME_MAX まで繰り返して，最も明るいホタルの位置を解として出力します．大まかな流れは人工蜂コロニーアルゴリズムの実装例であるリスト 4.4 と同様です．

リスト 6.3　メイン関数

```
#include "Population.h"

int main()
{
    int i;
    Population *pop;

    srand((unsigned int)time(NULL));

    pop = new Population("sampledata.csv");
    for(i = 1; i <= TIME_MAX; i++) {
        pop->move();
        printf("時刻%d：光の最高強度%f\n", i, pop->bestInt);
```

```
    }
    pop->printResult();
    delete pop;

    return 0;
}
```

6.4.3　メンバ関数

Population クラスのコンストラクタでは，引数で受け取ったファイル名を Dataset クラスのコンストラクタに渡し，Dataset クラスのオブジェクトを生成します．また，各変数の領域を確保し，初期のホタル群を作りつつ，最も明るいホタルの位置と光の強度を記録します．Firefly クラスのオブジェクトを生成するときには，自分自身へのポインタを Firefly クラスのコンストラクタに渡します．

move 関数では，すべてのホタルのペアに対して Firefly クラスの move 関数により移動処理を施します．これまでに得られた最も明るいホタルよりも光の強度の大きいホタルが得られた場合には，最も明るいホタルの位置と評価値を更新します．

Population.cpp の実装例を以下に記します．

Population.cpp

```
#include "Population.h"

// コンストラクタ
// fileName: データセットのファイル名
Population::Population(char *fileName)
{
    int i, best;

    dataset = new Dataset(fileName);
    firefly = new Firefly* [POP_SIZE];
    best = 0;
    for(i = 0; i < POP_SIZE; i++) {
        firefly[i] = new Firefly(this);
        if(firefly[best]->intensity > firefly[i]->intensity) {
            best = i;
        }
    }
    bestPos = new double [dataset->exVarNum];
```

```
    for(i = 0; i < dataset->exVarNum; i++) {
        bestPos[i] = firefly[best]->pos[i];
    }
    bestInt = firefly[best]->intensity;
}

// デストラクタ
Population::~Population()
{
    int i;

    for(i = 0; i < POP_SIZE; i++) {
        delete firefly[i];
    }
    delete [] firefly;
    delete [] bestPos;
    delete dataset;
}

// ホタルを移動する
void Population::move()
{
    int i, j, k;

    // すべての蛍のペアについて繰り返す
    for(i = 0; i < POP_SIZE; i++) {
        for(j = 0; j < POP_SIZE; j++) {
            // ホタルを移動する
            firefly[i]->move(firefly[j]);
            // 最も明るいホタルの位置を更新する
            if(bestInt > firefly[i]->intensity) {
                for(k = 0; k < dataset->exVarNum; k++) {
                    bestPos[k] = firefly[i]->pos[k];
                }
                bestInt = firefly[i]->intensity;
            }
        }
    }
}

// 結果を表示する
void Population::printResult()
{
    dataset->setCoef(bestPos);
    dataset->printEquation();
}
```

Firefly クラスのコンストラクタでは，引数で受け取った Population クラスのオブジェクトへのポインタを pop に設定します．また，各変数の領域を確保し，位置を表す配列変数 pos を初期化します．evaluate 関数では，式 (6.9) に基づいてホタルの光の強度を求めます．コンストラクタと move 関数では，位置を変更した後で evaluate 関数を呼び出して光の強度を算出します．

move 関数では，Firefly クラスの主要な処理であるホタルの移動を実行します．比較対象のホタルのほうが評価が高かったら，比較対象のホタルに向かって位置を変更しますが，intensity の値は小さいほど評価が高いので，base->intensity がこのオブジェクトの intensity より大きいときに，pos を変更します．pos を求める式の第 3 項には，正規分布または一様分布に従う乱数を使用しますが，ここでは 0 以上 1 以下の実数乱数 RAND_01 から 0.5 を引いた値で代用しています．

Firefly.cpp の実装例を以下に記します．

Firefly.cpp

```
#include "Firefly.h"

// コンストラクタ
// argPop: 属しているホタル群
Firefly::Firefly(Population *argPop)
{
   int i;

   pop = argPop;
   pos = new double [pop->dataset->exVarNum];
   for(i = 0; i < pop->dataset->exVarNum; i++) {
      pos[i] = COEF_MIN + (COEF_MAX - COEF_MIN) * RAND_01;
   }
   evaluate();
}

// デストラクタ
Firefly::~Firefly()
{
   delete [] pos;
}

// baseのほうが明るかったらbaseの方向に移動する
// base: 比較対象のホタル
void Firefly::move(Firefly *base)
{
   int i;
   double dis;
```

```
    if(intensity > base->intensity) {
        // 距離を算出する
        dis = 0.0;
        for(i = 0; i < pop->dataset->exVarNum; i++) {
            dis += pow(base->pos[i] - pos[i], 2);
        }
        dis = sqrt(dis);

        // 移動先を決定する
        for(i = 0; i < pop->dataset->exVarNum; i++) {
            pos[i] = pos[i]
                   + ATTRACT * exp(-ABSORB * dis) * (base->pos[i] - pos[i])
                   + RANDOMIZE * (RAND_01 - 0.5);
        }
        evaluate();
    }
}

// 光の強度を算出する
void Firefly::evaluate()
{
    int i, j;
    double diff;

    intensity = 0.0;
    for(i = 0; i < pop->dataset->dataNum; i++) {
        diff = pop->dataset->resSData[i];
        for(j = 0; j < pop->dataset->exVarNum; j++) {
            diff -= pos[j] * pop->dataset->exSData[i][j];
        }
        intensity += pow(diff, 2.0);
    }
}
```

第7章

コウモリアルゴリズム

7.1 コウモリの反響定位

コウモリには，果実を食べる大型のコウモリと，昆虫を食べる小型のコウモリがいます．小型のコウモリには，自らが発信した超音波の反響により，獲物や障害物の位置を特定する**反響定位**（echolocation）の能力があります．目で見る代わりに，8〜10 ミリ秒程度の短い超音波を喉から間欠的に発信し，反射音によって目標物の位置や大きさ，動きなどを認識します．コウモリが発信する超音波の周波数は種によってさまざまですが，一般的に 25〜100 kHz 程度の高周波であるため，ヒトには聞き取りにくい，あるいは聞き取れない音波で情報を収集していることになります．速度 v，周波数 f，波長 λ の間には $v = f\lambda$ の関係が成り立ち，音速が約 340 m/秒であることから，超音波の波長は 3.4〜13.6 mm であることがわかりますが，これはちょうど自分が獲物とする昆虫の大きさに合った波長になっています．

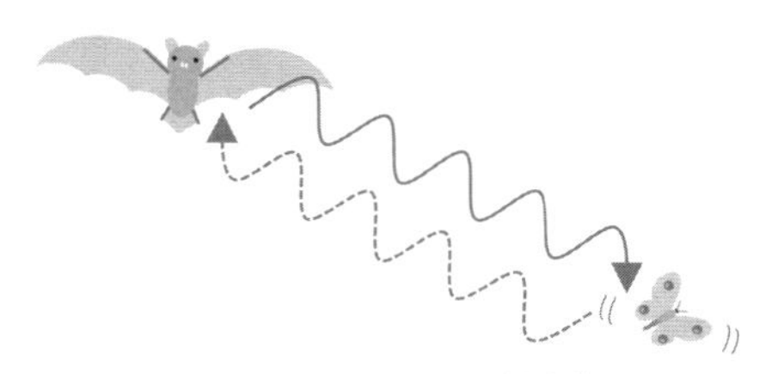

図 7.1　コウモリの反響定位

コウモリは反響定位を繰り返し，刻々と変化する状況を正確に把握しながら獲物に近づいていきます．このとき，獲物に近いほどパルス率を大きく，音量を小さくします．パルス率とは 1 秒間に発信される超音波のパルス数です．

自分が獲物を仕留めるために発信している超音波は，他のコウモリにも聞こえます．結果的に，獲物が近くにいることを他のコウモリにも知らせていることになり，音を聞いた他のコウモリは超音波の発信源に向かいます．暗闇でポテトチップスの袋を開けると，ポテトチップスを持っている人の姿やポテトチップスは見えませんが，意図的に知らせようとしなくても，何かお菓子を持っていることが周りの人に知られるのと同じ状況です．この共通点から，他のコウモリが獲物の位置を確認するために発信している音を聞きつけて集まる行動を「ポテトチップス袋効果」（bag of chips effect）と呼んでいます．

次々と超音波を発信すると，自分が発信した超音波の反射音同士が混信してしまいます．この状況を防ぐために，発信するたびに超音波の周波数を変えています．こうすることで，いつ発信した超音波の反射音なのかを聞き分けて，周囲の状況を正確に把握しています．

7.2　解表現と基本アルゴリズム

コウモリアルゴリズム（bat algorithm）は2010年にXin-She Yangによって提案された最適解探索アルゴリズムです．コウモリが超音波を使って獲物や障害物の位置を特定する反響定位行動を模倣したアルゴリズムで，以下の点に着目しています．

- 反響定位により獲物を探す．
- 超音波の周波数は発信するたびに変える．
- 獲物に近いほどパルス率を大きく，音量を小さくする．
- 他のコウモリが獲物を取るために発している超音波を聞くことができる．

周波数，パルス率，音量という3つの変量があり，コウモリが飛ぶときには速度という変量も関わることになります．これを踏まえ，コウモリは以下のように行動するものと仮定します．

1. 周波数，パルス率，音量を使って速度と移動先を決めながら獲物を探す．
2. 周波数は移動するたびに変える．
3. より獲物に近い位置に移動したらパルス率を大きく，音量を小さくする．
4. 獲物に近い位置にいる他のコウモリの情報を得ている．

コウモリアルゴリズムでは，問題に対する解をコウモリが存在する位置として表現し，複数のコウモリを繰り返し移動させてより獲物に近い位置を見つけることで，最適解を導きます．遺伝的アルゴリズムの個体がコウモリ，染色体がコウモリの位置に相当し，獲物に近い位置にいるコウモリを良いコウモリと判断します．コウモリは獲物に関する情報がないときにはランダムに飛び回りますが，反響定位や他のコウモリから獲物に関する情報を得ると，獲物に向かって移動します．この行動を各変量を用いて表現する点が特徴です．

問題の解が N 個の値からなるとき，コウモリは N 次元空間を飛び回るものとして，コウモリの位置を N 次元ベクトルで表します．時刻 t のコウモリ B_i の位置の要素が $x_1^i(t)$，$x_2^i(t)$，$\cdots$，$x_N^i(t)$ であるとき，時刻 t のコウモリ B_i の位置 $\overrightarrow{x_i}(t)$ は式 (7.1) のようになります．

$$\overrightarrow{x_i}(t) = \begin{pmatrix} x_1^i(t) \\ x_2^i(t) \\ \vdots \\ x_N^i(t) \end{pmatrix} \tag{7.1}$$

コウモリの数を M とすると，式 (7.2) に示す集合 $X(t)$ が時刻 t における解候補の集合となります．

$$X(t) = \{\overrightarrow{x_1}(t), \overrightarrow{x_2}(t), \cdots, \overrightarrow{x_M}(t)\} \tag{7.2}$$

基本アルゴリズムのフローチャートを図 7.2 に示します．最初に，指定された数のコウモリをランダムに生成し，問題の解としての適切さに基づいて評価します．このとき，各コウモリを評価値に基づいて順位付けし，最良コウモリの位置と評価値を記録します．その後，それまでに得られた最良コウモリの位置と評価

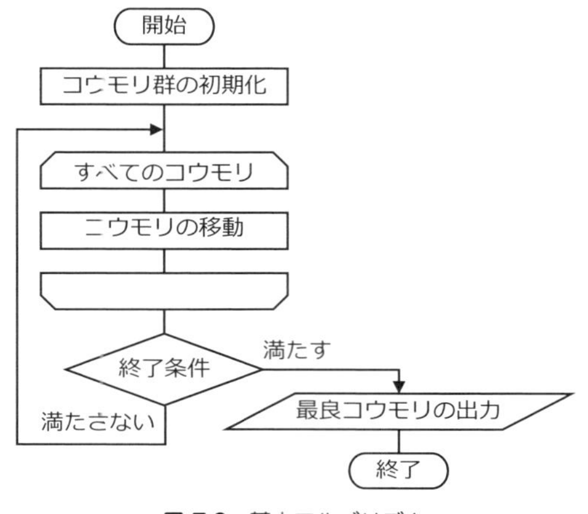

図 7.2　基本アルゴリズム

値を更新しつつ，すべてのコウモリに関する移動処理を終了条件が満たされるまで繰り返し，終了条件が満たされたときに最良コウモリの位置を解として出力します．終了条件としては，一定回数の繰返しを終える，目標とする評価値のコウモリが得られる，最良コウモリが一定期間変化しない，などを指定します．

7.3 コウモリの移動

コウモリは以下の 3 つのいずれかの方法で移動します．

- 最良コウモリの位置に向かって移動する．
- 良いコウモリの近傍に移動する．
- ランダムに移動する．

最良コウモリの位置に向かって移動する場合は，移動速度に基づいて移動先を決めます．まず，式 (7.3) に基づき，周波数の下限値 $fmin$ と上限値 $fmax$ を用いて時刻 $t+1$ での周波数 $f_i(t+1)$ を定めます．

$$f_i(t+1) = fmin + (fmax - fmin) \times rand[0,1] \tag{7.3}$$

ここで，$rand[0,1]$ は 0 以上 1 以下の実数乱数を生成する関数です．次に，時刻 $t+1$ での移動速度 $\overrightarrow{v_i}(t+1)$ を求めます．時刻 t での移動速度 $\overrightarrow{v_i}(t)$ を基準として，現在の位置 $\overrightarrow{x_i}(t)$ からこれまでに得られた最良コウモリの位置 $\overrightarrow{g}(t)$ の方向に向かわせるようにします．算出式を式 (7.4) に示します．

$$\overrightarrow{v_i}(t+1) = \overrightarrow{v_i}(t) + f_i(t+1)\left\{\overrightarrow{g}(t) - \overrightarrow{x_i}(t)\right\} \tag{7.4}$$

算出された移動速度に基づいて，時刻 $t+1$ での位置 $\overrightarrow{x_i}(t+1)$ を式 (7.5) により求めます．

$$\overrightarrow{x_i}(t+1) = \overrightarrow{x_i}(t) + \overrightarrow{v_i}(t+1) \tag{7.5}$$

式 (7.5) は粒子群最適化における移動先の位置の算出式 (5.6) とまったく同じです．式 (7.4) も式 (5.7) と同様に，前の時刻での速度に最良位置と現在位置の差ベクトルを加算する形になっています．したがって，これらの式により移動先の位置を求めることで，最良コウモリの位置に向かって移動できることがわかります．

良いコウモリの近傍に移動するときは，群内の良いコウモリから選択した 1 個体の位置 $\overrightarrow{b}(t)$ をもとに移動先を決めます．時刻 $t+1$ での位置 $\overrightarrow{x_i}(t+1)$ の算出式を式 (7.6) に示します．

$$\overrightarrow{x_i}(t+1) = \overrightarrow{b}(t) + \overline{A}\overrightarrow{\varepsilon} \tag{7.6}$$

$\overline{A}$ はその時点での全コウモリの音量の平均 , $\overrightarrow{\varepsilon}$ は各成分を -1 以上 1 以下の乱数としたベクトルを表しています．

ここで，最良コウモリの位置に向かって移動する場合と，良いコウモリの近傍に移動する場合の移動先を比較してみましょう．図 7.3(a) は，時刻 $t-1$ に点 A，時刻 t に点 B にいたコウモリが，時刻 $t+1$ に最良コウモリの位置である点 G に向かって，$\overrightarrow{v_i}(t+1) = \overrightarrow{v_i}(t) + 0.5\{\overrightarrow{g}(t) - \overrightarrow{x_i}(t)\}$ により点 D に移動した様子を示しています．図 5.4(d) と同様の図です．一方，図 7.3(b) は，群内か

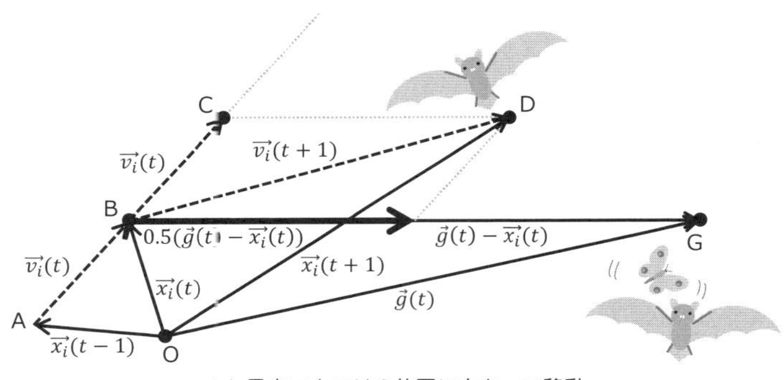

(a) 最良コウモリの位置に向かって移動

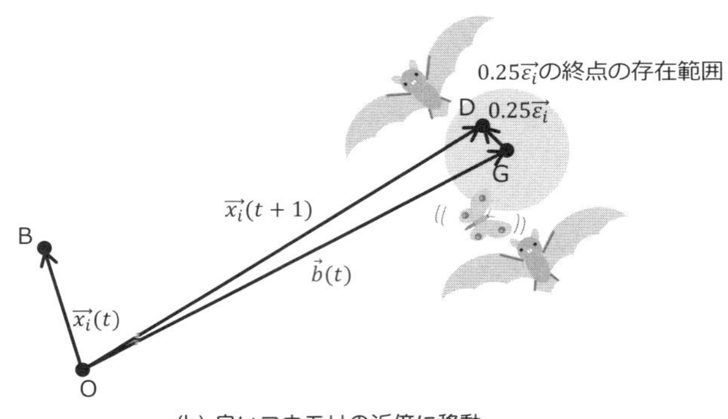

(b) 良いコウモリの近傍に移動

図 7.3　移動先の決定

ら選択した良いコウモリの位置である点Gの近傍Dに移動した様子を示しています．(a) に比べて (b) のほうが良いコウモリの位置に直接移動しているといえます．

コウモリがより良い位置に移動したら，パルス率を大きく，音量を小さくします．時刻 $t+1$ におけるコウモリ B_i のパルス率 $r_i(t+1)$ と音量 $A_i(t+1)$ は式 (7.8) と式 (7.7) により算出します．

$$r_i(t+1) = R_0(1 - e^{-\gamma t}) \tag{7.7}$$

$$A_i(t+1) = \alpha A_i(t) \tag{7.8}$$

R_0 はパルス率の収束値，γ はパルス率の収束の速さ，α は音量を減少させる割合を表す定数です．時間が経つにつれ $r_i(t)$ は R_0，$A_i(t)$ は 0 に近づきます．$\gamma = 0.2$ と $\gamma = 0.5$ のときの $r(t) = 0.5(1 - e^{-\gamma t})$ のグラフを図 7.4 に示します．γ が小さいほうが緩やかに収束値に近づくことがわかります．

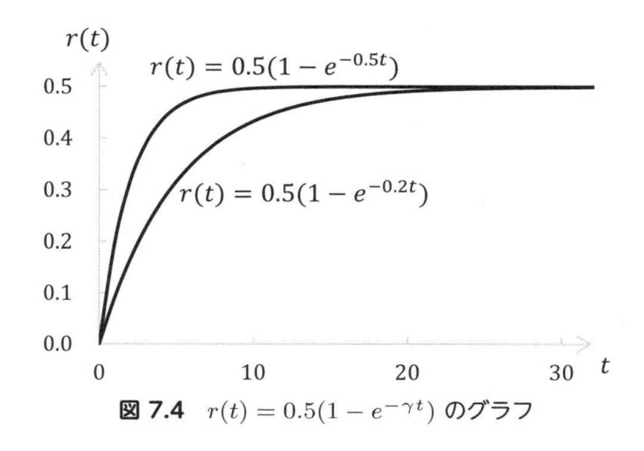

図 7.4 $r(t) = 0.5(1 - e^{-\gamma t})$ **のグラフ**

コウモリがまだ獲物の近くにいないときには，良いコウモリの近傍に直接移動させるほうが，獲物にありつく近道になるかもしれません．しかし，自分自身が獲物に近づいているときには，自分の進行方向に基づいてじわりじわりと良い方向に進むほうがよさそうです．そこで，良いコウモリの近傍に直接移動させる確率をパルス率に基づいて決定し，現在の進行方向に進む以外の方法で見つけたより良い位置を採用する確率を音量に基づいて決定します．より良い位置に移動したときに，パルス率と音量を更新します．

コウモリの移動手順の例を図 7.5 に示します．この例では，最初に最良のコウモリの位置に向かってコウモリを移動させています．その後，新しい移動先の位置として，確率 $1 - r_i(t)$ で良いコウモリの近傍の位置を生成し，ランダム飛行による位置も生成します．新しい位置が元の位置より評価が高い場合には，確率 A_i で位置を新しい位置に変更し，音量とパルス率を更新します．

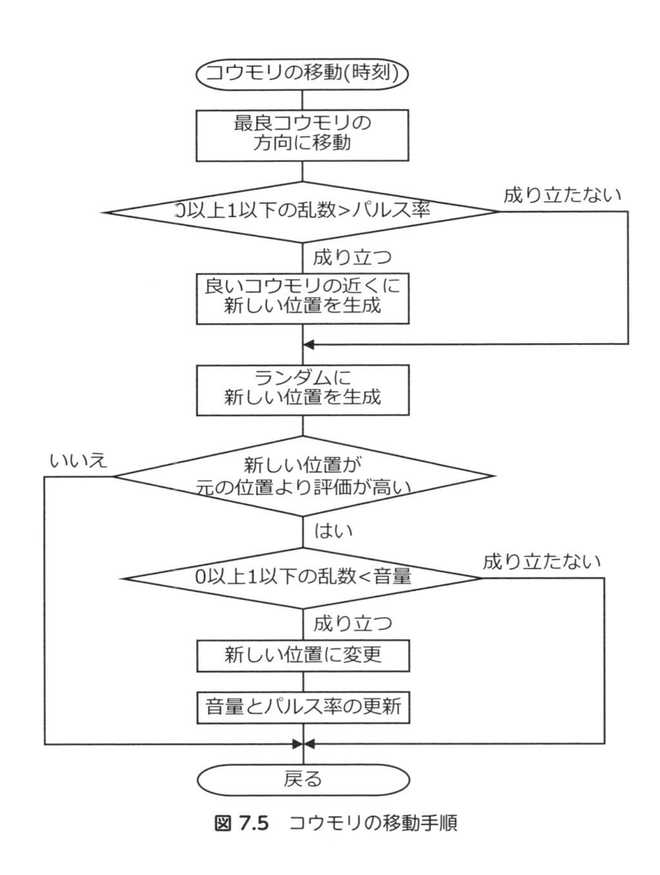

図 7.5　コウモリの移動手順

7.4 プログラムの実装例

本節では，コウモリアルゴリズムにより重回帰式を導出するプログラムを

C++ で実装する方法について解説します．他のアルゴリズムでの実装と同様に，与えられたデータを標準化して標準偏回帰係数を求め，標準偏回帰係数から偏回帰係数と定数項を求めることで元のデータの重回帰式を導出します．また，データセットを保持，操作するクラス Dataset のソースとしては，4.6 節で提示した Dataset.h と Dataset.cpp をそのまま使用します．

7.4.1 コウモリの位置と評価関数

説明変数が N 個のとき，要素数が N 個の実数型配列変数 pos でコウモリの位置を表し，各要素は -1 以上 1 以下の実数の値を取ることにします．pos[i] が $i+1$ 番目の説明変数の偏回帰係数を表します．コウモリ B の評価値 $value(B)$ を算出する評価関数を式 (7.9) により定義します．

$$value(B) = \sum_{i=0}^{D-1} \left(resSData[i] - \sum_{j=0}^{N-1} pos[j] \times exSData[i][j] \right)^2 \tag{7.9}$$

ここで，D はデータ数，$exSData$ は標準化したデータの説明変数が格納されている 2 次元配列，$resSData$ は標準化したデータの目的変数が格納されている 1 次元配列です．

7.4.2 クラスとメイン関数

オブジェクト指向によるコウモリアルゴリズムの実装のために必要なクラスは，コウモリ群のクラスとコウモリのクラスです．前者を Population クラス，後者を Bat クラスとしたときの各クラスのヘッダファイルをリスト 7.1，リスト 7.2 に示します．また，メイン関数はリスト 7.3 のようになります．4.6 節における人工蜂コロニーアルゴリズムの FlowerSet クラスが Population クラス，Flower クラスが Bat クラスに相当するので，リスト 4.1，リスト 4.2，リスト 4.4 と比較してみましょう．

リスト 7.1 Population クラスのヘッダファイル

```
#include "Bat.h"
class Bat;

class Population
{
public:
    Population(char *fileName);
    ~Population();
```

```
    void move(int t);              // コウモリを移動する
    void printResult();            // 結果を表示する

    Dataset *dataset;              // データセット
    Bat **bat;                     // コウモリ群のメンバ
    double *bestPos;               // 最良コウモリの位置
    double bestValue;              // 最良コウモリの評価値

private:
    void sort(int lb, int ub); // コウモリを良い順に並び替える
};
```

コウモリ群のメンバは Bat クラスのオブジェクトへのポインタを要素とする配列変数 bat で参照できるようにします．Bat クラスのオブジェクトでは，Population クラスのオブジェクトへのポインタ pop により，自身が属しているコウモリ群を参照しています．Population クラスと Bat クラスは互いに参照しているので，ヘッダファイルで前方宣言をしています．

Population クラスのメンバ変数には，bat の他に，データセットを参照するポインタ dataset，最良コウモリの位置と評価値を保持するための bestPos と bestValue があります．Bat クラスには，pop の他に，コウモリの位置を表す pos，速度を表す velocity，周波数を表す freq，パルス率を表す pulse，音量を表す loudness，評価値を表す value，および新しい位置を表す newPos1, newPos2 というメンバ変数があります．

リスト 7.2　Bat クラスのヘッダファイル

```
#include "Dataset.h"
#include "Population.h"
class Population;

// 定数の定義
#define TIME_MAX    500  // 最終時刻
#define POP_SIZE    20   // コウモリ群のサイズ
#define PULSE_0     0.5  // パルス率の収束値
#define PULSE_R     0.9  // パルス率の更新パラメータ
#define LOUD_0      1.0  // 音量の初期値
#define LOUD_R      0.9  // 音量の変化率
#define FREQ_MIN    0    // 周波数の最小値
#define FREQ_MAX    1    // 周波数の最大値
#define BEST_RATE   0.2  // 良いコウモリと判断する割合
#define COEF_MIN    -1   // 標準偏回帰係数の最小値
#define COEF_MAX    1    // 標準偏回帰係数の最大値
```

```
// 0以上1以下の実数乱数
#define RAND_01 ((double)rand() / RAND_MAX)

class Bat
{
public:
    Bat(Population *argPop);
    ~Bat();
    void move(int t);                    // コウモリを移動する

    Population *pop;                     // 属しているコウモリ群
    double *pos;                         // 位置
    double *velocity;                    // 速度
    double freq;                         // 周波数
    double pulse;                        // パルス率
    double loudness;                     // 音量
    double value;                        // 評価値

private:
    double evaluate(double *argPos);     // 評価値を算出する

    double *newPos1;                     // 新しい位置（良いコウモリの近く）
    double *newPos2;                     // 新しい位置（ランダム）
};
```

メイン関数の定義に先立ち，Population.h をインクルードします．データセットのファイル名を引数で渡して Population クラスのオブジェクトを生成し，コウモリ群の移動を時刻 TIME_MAX まで繰り返して，最良コウモリの位置を解として出力します．大まかな流れは人工蜂コロニーアルゴリズムの実装例であるリスト 4.4 と同様です．

リスト 7.3　メイン関数

```
#include "Population.h"

int main()
{
    int t;
    Population *pop;

    srand((unsigned int)time(NULL));

    pop = new Population("sampledata.csv");
    for(t = 1; t <= TIME_MAX; t++) {
```

```
        pop->move(t);
        printf("時刻%d：最良評価値%f\n", t, pop->bestValue);
    }
    pop->printResult();
    delete pop;

    return 0;
}
```

7.4.3　メンバ関数

Population クラスのコンストラクタでは，引数で受け取ったファイル名を Dataset クラスのコンストラクタに渡し，Dataset クラスのオブジェクトを生成します．また，各変数の領域を確保し，初期のコウモリ群を作って群内のコウモリを sort 関数により評価値の昇順に並べ替えてから，最も良いコウモリの位置と評価値を記録します．Bat クラスのオブジェクトを生成するときには，自分自身へのポインタを Bat クラスのコンストラクタに渡します．

move 関数では，すべてのコウモリに対して Bat クラスの move 関数により移動処理を施し，sort 関数により評価値の昇順に並べ替えます．これまでに得られた最良コウモリよりも評価値の高いコウモリが得られた場合には，最良コウモリの位置と評価値を更新します．

Population.cpp の実装例を以下に記します．

Population.cpp

```
#include "Population.h"

// コンストラクタ
// fileName: データセットのファイル名
Population::Population(char *fileName)
{
    int i;

    dataset = new Dataset(fileName);
    bat = new Bat* [POP_SIZE];
    for(i = 0; i < POP_SIZE; i++) {
        bat[i] = new Bat(this);
    }
    sort(0, POP_SIZE - 1);
    bestPos = new double [dataset->exVarNum];
    for(i = 0; i < dataset->exVarNum; i++) {
```

```
        bestPos[i] = bat[0]->pos[i];
    }
    bestValue = bat[0]->value;
}

// デストラクタ
Population::~Population()
{
    int i;

    for(i = 0; i < POP_SIZE; i++) {
        delete bat[i];
    }
    delete [] bat;
    delete [] bestPos;
    delete dataset;
}

// コウモリを移動する
// t: 時刻
void Population::move(int t)
{
    int i;

    // すべてのコウモリを移動する
    for(i = 0; i < POP_SIZE; i++) {
        bat[i]->move(t);
    }

    // コウモリを良い順に並び替える
    sort(0, POP_SIZE - 1);

    // 最良コウモリを記録する
    if(bat[0]->value < bestValue) {
        for(i = 0; i < dataset->exVarNum; i++) {
            bestPos[i] = bat[0]->pos[i];
        }
        bestValue = bat[0]->value;
    }
}

// bat[lb]～bat[ub]をクイックソートで並び替える
// lb: 並び替えの対象要素の添え字の下限
// ub: 並び替えの対象要素の添え字の上限
void Population::sort(int lb, int ub)
{
    int i, j, k;
    double pivot;
    Bat *tmp;
```

```
    if(lb < ub) {
        k = (lb + ub) / 2;
        pivot = bat[k]->value;
        i = lb;
        j = ub;
        do {
            while(bat[i]->value < pivot) {
                i++;
            }
            while(bat[j]->value > pivot) {
                j--;
            }
            if(i <= j) {
                tmp = bat[i];
                bat[i] = bat[j];
                bat[j] = tmp;
                i++;
                j--;
            }
        } while(i <= j);
        sort(lb, j);
        sort(i, ub);
    }
}

// 結果を表示する
void Population::printResult()
{
    dataset->setCoef(bestPos);
    dataset->printEquation();
}
```

Bat クラスのコンストラクタでは，引数で受け取った Population クラスのオブジェクトへのポインタを pop に設定します．また，各変数の領域を確保し，位置 pos，速度 velocity，周波数 freq，パルス率 pulse，および音量 loudness を初期化します．評価値 value は evaluate 関数により求めます．

Bat クラスの主要な処理は，コウモリを移動させる move 関数です．パルス率の更新に必要な時刻を引数で渡し，図 7.5 の手順を実装しています．良いコウモリの近傍の移動先 newPos1 は必ず作られるわけではありません．newPos1 が作られず，newValue1 に値が設定されていない状態で value と比較することを避けるため，newPos1 が作られなかったときには newValue1 に DBL_MAX を代入しておきます．新しい移動先のほうが評価が高いときには，確率 loudness で

newPos1 と newPos2 の良いほうに位置を置き換えます．また，パルス率と音量を更新します．

evaluate 関数では，式 (7.9) に基づいてコウモリの評価値を求めます．コンストラクタでは初期のコウモリ，move 関数では移動先のコウモリを評価するので，評価対象のコウモリの位置を表す配列変数を引数で渡し，求めた評価値を戻り値として返します．

Bat.cpp の実装例を以下に記します．

Bat.cpp

```
#include "Bat.h"

// コンストラクタ
// argPop: 属しているコウモリ群
Bat::Bat(Population *argPop)
{
   int i;

   pop = argPop;
   pos = new double [pop->dataset->exVarNum];
   newPos1 = new double [pop->dataset->exVarNum];
   newPos2 = new double [pop->dataset->exVarNum];
   velocity = new double [pop->dataset->exVarNum];
   for(i = 0; i < pop->dataset->exVarNum; i++) {
      pos[i] = COEF_MIN + (COEF_MAX - COEF_MIN) * RAND_01;
      velocity[i] = 0.0;
   }
   value = evaluate(pos);
   freq = 0.0;
   pulse = 0.0;
   loudness = LOUD_0;
}

// デストラクタ
Bat::~Bat()
{
   delete [] pos;
   delete [] newPos1;
   delete [] newPos2;
   delete [] velocity;
}

// コウモリを移動する
// t: 時刻
void Bat::move(int t)
{
```

```
int i, r;
double newValue1, newValue2, aveLoud, *tmp;

// 最良コウモリの方向に移動する
freq = FREQ_MIN + (FREQ_MAX - FREQ_MIN) * RAND_01;
for(i = 0; i < pop->dataset->exVarNum; i++) {
   velocity[i] += (pop->bestPos[i] - pos[i]) * freq;
   pos[i] += velocity[i];
}
value = evaluate(pos);

// 良いコウモリの近傍に新しい移動先を生成する
if(RAND_01 > pulse) {
   r = rand() % (int)(POP_SIZE * BEST_RATE);
   aveLoud = 0.0;
   for(i = 0; i < POP_SIZE; i++) {
      aveLoud += pop->bat[i]->loudness;
   }
   aveLoud /= POP_SIZE;
   for(i = 0; i < pop->dataset->exVarNum; i++) {
      newPos1[i] = pop->bat[r]->pos[i]
                   + (rand() / (RAND_MAX / 2.0) - 1) * aveLoud;
   }
   newValue1 = evaluate(newPos1);
} else {
   newValue1 = DBL_MAX;
}

// ランダムに新しい移動先を生成する
for(i = 0; i < pop->dataset->exVarNum; i++) {
   newPos2[i] = COEF_MIN + (COEF_MAX - COEF_MIN) * RAND_01;
}
newValue2 = evaluate(newPos2);

// 新しい移動先のほうが良かったら置換し，パルス率と音量を更新する
if(((newValue1 < value) || (newValue2 < value))
   && (RAND_01 < loudness)) {
   if(newValue1 < newValue2) {
      tmp = pos;
      pos = newPos1;
      newPos1 = tmp;
      value = newValue1;
   } else {
      tmp = pos;
      pos = newPos2;
      newPos2 = tmp;
      value = newValue2;
   }
   pulse = PULSE_0 * (1 - exp(-PULSE_R * (double)t));
```

```
        loudness *= LOUD_R;
    }
}

// 評価値を算出する
// argPos: 評価対象のコウモリの位置
// 戻り値: 評価値
double Bat::evaluate(double *argPos)
{
    int i, j;
    double diff, retValue;

    retValue = 0.0;
    for(i = 0; i < pop->dataset->dataNum; i++) {
        diff = pop->dataset->resSData[i];
        for(j = 0; j < pop->dataset->exVarNum; j++) {
            diff -= argPos[j] * pop->dataset->exSData[i][j];
        }
        retValue += pow(diff, 2.0);
    }
    return retValue;
}
```

第8章

カッコウ探索

8.1 托卵

カッコウは自分の子供を自分で育てません．ホオジロやモズ，オオヨシキリなど他の種類の鳥の巣に卵を産み，抱卵と育雛を巣の主に託します．自分の子を他の個体に育てさせる生態行動を**托卵**（brood parasite）といい，卵を産み付けられた巣の主のことを**仮親**（foster parent）と呼びます．カッコウの他にも，ホトトギス，ジュウイチ，ツツドリなどは托卵することが知られています．

カッコウは，他の種類の鳥が巣作りをしている段階から，托卵先を決めているといわれています．鳥は数日に分けて卵を産み，最後の卵を産んでから抱卵を始めるので，すべての卵がほぼ同じタイミングで孵化します．この習性を利用して，カッコウは産卵初期の巣を托卵先とし，自分の卵が仮親の卵よりも早く孵化する確率を高くします．また，仮親が巣を離れた隙を狙って 2 秒程度で仮親の卵と色や斑紋が似ている卵を産み，卵の数を合わせるために卵を 1 個持ち出して，托卵が発覚しないようにします．同じ巣に何度も卵を産みに行くことで仮親を混乱させ，托卵の発覚確率を低くすることもあります．しかし，当然ながら仮親に知られることもあり，托卵されたとわかった仮親は，カッコウの卵を巣から落としたり，中身を食べて殻を捨てたり，巣を放棄したりします．

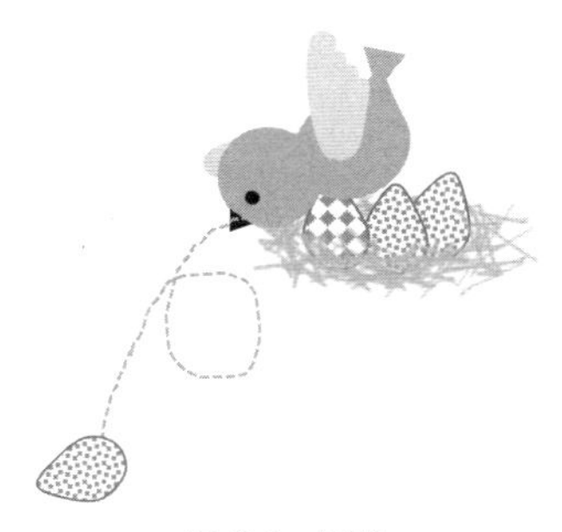

図 8.1　托卵

親も親なら子も子で，仮親の卵よりも先に孵化した雛は他の卵を巣から落とし，自分よりも先に孵化した仮親の雛がいたらその雛を巣から押し出して，自分が仮親の唯一の子になるようにします．他の雛が巣に残っていても，大きな声で鳴くことで，仮親からより多くの餌を与えてもらいます．仮親は育雛本能によりカッコウの雛を我が子のように育てるので，雛は餌をひとり占めしてすくすく育ち，3 週間ほどで巣立っていきます．

8.2 レヴィフライト

野生動物が餌や獲物を探すときの移動距離は，**レヴィフライト**（Lévy flight）と呼ばれるパターンに従うと考えられています．レヴィフライトはランダムウォークの一種で，反復的でない短距離の移動を続ける中で，ときどき長距離の移動をするというモデルです．餌が豊富にある場所ではランダムウォーク，餌が散在している場所ではレヴィフライトというように，餌を探すパターンを切り替える個体もいることが報告されています．

ヒトはさまざまな制約のもとに行動しているので，移動距離が完全にレヴィフライトに従うとはいえませんが，平均的にはその傾向があるようです．基本の移動は家と学校の往復だけれど，日によって買い物に行ったり，友達とどこかに寄ったりするなど，いろいろなバリエーションのある短距離の移動を繰り返し，ときどき少し遠くのイベントに出かけたり，年に 1 回飛行機に乗って旅行に行ったりする，という行動パターンは珍しいものではないでしょう．

レヴィフライトは多くの動物の行動パターン特性を表しますが，その移動距離は**レヴィ分布**（Lévy distribution）に従います．$\mu < x$ におけるレヴィ分布の確率密度関数を式 (8.1) に示します．

$$p(x;\mu,\gamma) = \sqrt{\frac{\gamma}{2\pi}}\frac{e^{-\gamma/2(x-\mu)}}{(x-\mu)^{3/2}} \tag{8.1}$$

ここで，μ は位置パラメータ，γ は尺度パラメータです．一方，一般的なランダムウォークは，確率密度関数が式 (8.2) で表される正規分布に従います．

$$p(x;\mu,\sigma^2) = \frac{1}{\sqrt{2\pi\sigma^2}}e^{-(x-\mu)^2/2\sigma^2} \tag{8.2}$$

ここで，μ は平均，σ^2 は分散です．$\mu = 0.01$，$\gamma = 1, 2, 3$ のときのレヴィ分布の確率密度関数のグラフを図 8.2 に，$\mu = 0$，$\sigma^2 = 1, 2, 5$ のときの正規分布の確率密度関数のグラフを図 8.3 に示します．正規分布では x が増加すると $p(x;\mu,\sigma^2)$

が指数関数的に減衰しますが，レヴィ分布では x の増加に伴って $p(x;\mu,\gamma)$ が緩やかに減少していくことがわかります．

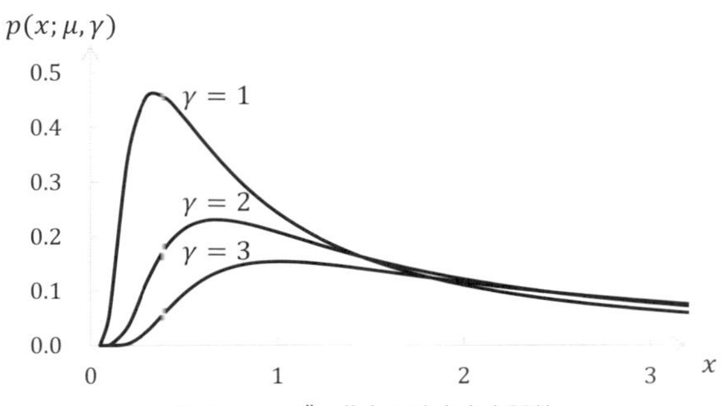

図 8.2　レヴィ分布の確率密度関数

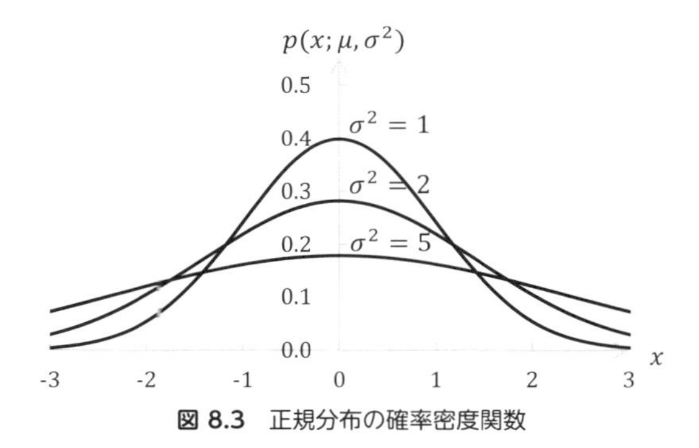

図 8.3　正規分布の確率密度関数

8.3 解表現と基本アルゴリズム

カッコウ探索（cuckoo search）は 2009 年に Xin-she Yang と Suash Deb が提案した最適解探索アルゴリズムで，カッコウの托卵にヒントを得ています．着目点は以下の通りです．

- カッコウは他の鳥の巣に卵を産む．
- カッコウが産む卵は，仮親の卵と色や斑紋が似ている．
- 時には仮親が托卵に気づき，巣を放棄する．

カッコウにとっては，托卵を仮親に気づかれず，自分の卵が無事孵り，巣立ちまで仮親に育ててもらうことが目標です．そこで，カッコウ探索では，仮親に気づかれない卵を「良い卵」，良い卵のある巣を「良い巣」と考えます．問題に対する解を巣に置かれた卵として表現し，世代交代，すなわち巣の卵の更新と悪い巣の放棄を繰り返して良い卵を作り出すことで，最適解を導きます．遺伝的アルゴリズムの個体が巣，染色体が卵に相当します．

巣の卵の更新と悪い巣の放棄は，以下の仮定のもとにモデル化します．

1. カッコウはレヴィフライトを用いて他の巣の卵に似た卵を産む．
2. 托卵先の卵よりも良い卵を産んだら仮親に気づかれない．
3. 悪い卵の巣は放棄される．
4. 托卵先の数は変動しない．

問題の解が N 個の値からなるとき，卵を N 次元ベクトルで表します．巣 N_i の卵の要素が x_1^i，x_2^i，$\cdots$，x_N^i であるとき，巣 N_i の卵 $\overrightarrow{x_i}$ は式 (8.3) のようになります．

$$\overrightarrow{x_i} = \begin{pmatrix} x_1^i \\ x_2^i \\ \vdots \\ x_N^i \end{pmatrix} \tag{8.3}$$

巣の数を M とすると，式 (8.4) に示す集合 X が解候補の集合となります．

$$X = \{\overrightarrow{x_1}, \overrightarrow{x_2}, \cdots, \overrightarrow{x_M}\} \tag{8.4}$$

基本アルゴリズムのフローチャートを図 8.4 に示します．最初に，初期の巣をランダムに生成します．次に，ランダムに選んだ巣の卵をもとにレヴィフライトを用いて新しい卵を生成し，別途，ランダムに選んだ巣の卵より新しく作った卵の方が評価が高ければ，卵を置き換えます．これが托卵に相当する処理です．その後，ある一定の割合の悪い巣を新しい巣で置き換えます．これは，仮親が托卵に気づいて巣を放棄することに相当します．それまでに得られた最良卵を記録しつつ，托卵と巣の放棄を終了条件が満たされるまで繰り返し，終了条件が満たされたときに最良巣の卵が表す解や評価値を出力します．終了条件としては，一定回数の繰返しを終える，目標とする評価値の卵が得られる，最良卵が一定期間変化しない，などを指定します．

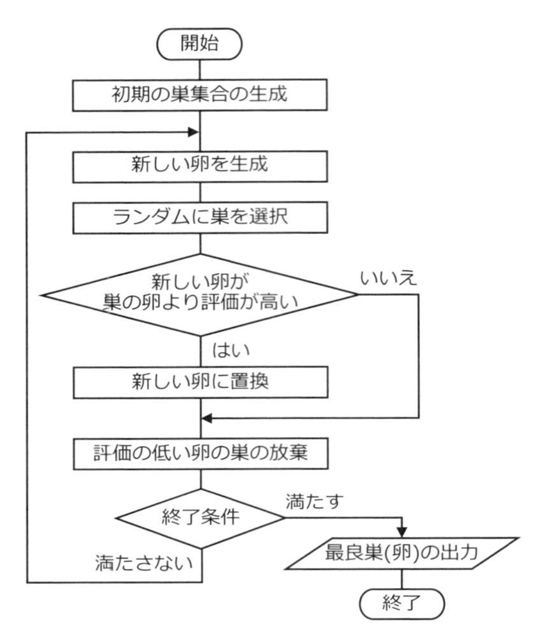

図 8.4　基本アルゴリズム

8.4 レヴィフライトによる卵の生成

巣 N_r の卵をもとにして，レヴィフライトにより巣 N_i の卵を生成するとき，j 番目の卵の要素 x_j^i は式 (8.5) により求められます．

$$x_j^i = x_j^r + \alpha \times s \tag{8.5}$$

ここで，α はレヴィフライトの 1 ステップ長を調整するためのパラメータで，問題の特性に応じて正の実数を指定します．s はレヴィフライトで求められるステップ長で，Mantegna のアルゴリズムを適用すると，式 (8.6) により求められます．

$$s = \frac{u}{|v|^{1/\beta}} \tag{8.6}$$

β はスケーリング指数であり，0 以上 2 以下の実数を指定します．u は平均 0，分

散 σ^2 の正規分布に従って求められる乱数，v は標準正規分布に従って求められる乱数です．σ は式 (8.7) により求められます．$\Gamma(x)$ はガンマ関数を表します．

$$\sigma = \left\{ \frac{\Gamma(1+\beta) \times \sin\left(\frac{\pi\beta}{2}\right)}{\Gamma\left(\frac{1+\beta}{2}\right) \times \beta \times 2^{(\beta-1)/2}} \right\}^{1/\beta} \tag{8.7}$$

$$\Gamma(x) = \int_0^\infty t^{x-1} e^{-t} dt \tag{8.8}$$

8.5 プログラムの実装例

本節では，カッコウ探索により重回帰式を導出するプログラムを C++ で実装する方法について解説します．他のアルゴリズムでの実装と同様に，与えられたデータを標準化して標準偏回帰係数を求め，標準偏回帰係数から偏回帰係数と定数項を求めることで元のデータの重回帰式を導出します．また，データセットを保持，操作するクラス Dataset のソースとしては，4.6 節で提示した Dataset.h と Dataset.cpp をそのまま使用します．

8.5.1 巣の卵と評価関数

説明変数が N 個のとき，要素数が N 個の実数型配列変数 egg で巣の卵を表し，各要素は -1 以上 1 以下の実数の値を取ることにします．egg[i] が $i+1$ 番目の説明変数の偏回帰係数を表します．巣 N の評価値 $value(N)$ を算出する評価関数を式 (8.9) により定義します．

$$value(N) = \sum_{i=0}^{D-1} \left(resSData[i] - \sum_{j=0}^{N-1} egg[j] \times exSData[i][j] \right)^2 \tag{8.9}$$

ここで，D はデータ数，$exSData$ は標準化したデータの説明変数が格納されている 2 次元配列，$resSData$ は標準化したデータの目的変数が格納されている 1 次元配列です．

8.5.2 クラスとメイン関数

オブジェクト指向によるカッコウ探索の実装のために必要なクラスは，巣集合のクラスと巣のクラスです．前者を NestSet クラス，後者を Nest クラスとしたときの各クラスのヘッダファイルをリスト 8.1，リスト 8.2 に示します．また，メイン関数はリスト 8.3 のようになります．4.6 節における人工蜂コロニーアルゴリズムの FlowerSet クラスが NestSet クラス，Flower クラスが Nest クラスに相当するので，リスト 4.1，リスト 4.2，リスト 4.4 と比較してみましょう．

リスト 8.1　NestSet クラスのヘッダファイル

```
#include "Nest.h"
class Nest;

class NestSet
{
public:
    NestSet(char *fileName);
    ~NestSet();
    void alternate();           // 世代交代をする
    void printResult();         // 結果を表示する

    Dataset *dataset;           // データセット
    Nest **nest;                // 巣の集合のメンバ

private:
    void sort(int lb, int ub); // 巣を良い順に並び替える
};
```

巣の集合のメンバは Nest クラスのオブジェクトへのポインタを要素とする配列変数 nest で参照できるようにします．Nest クラスのオブジェクトでは，NestSet クラスのオブジェクトへのポインタ ns により，自身が属している集合を参照しています．NestSet クラスと Nest クラスは互いに参照しているので，ヘッダファイルで前方宣言をしています．

NestSet クラスのメンバ変数には，nest の他に，データセットを参照するポインタ dataset があります．Nest クラスには，ns の他に，巣の卵を表す egg，評価値を表す value，新しい卵を表す newEgg というメンバ変数があります．

Nest.h では，式 (8.6) の u を求める際に必要な標準偏差 σ の算出式を SIGMA として定義するほか，**ボックスミュラー法**（Box-Muller's method）により標準正規分布に従う乱数を求める算出式 RAND_N も定義しています．ボックスミュラー法とは，0 以上 1 以下の一様分布に従う乱数 u_1，u_2 を用いて，標準正規分布に従う乱数 x_1，x_2 を式 (8.10) により求める手法です．

$$\begin{cases} x_1 = \sqrt{-2\log u_1}\cos 2\pi u_2 \\ x_2 = \sqrt{-2\log u_1}\sin 2\pi u_2 \end{cases} \tag{8.10}$$

リスト 8.2　Nest クラスのヘッダファイル

```
#include "Dataset.h"
#include "NestSet.h"
class NestSet;

// 定数の定義
#define GEN_MAX   1000     // 世代交代数
#define SET_SIZE  100      // 巣集合のサイズ
#define ABA_RATE  0.1      // 放棄する巣の割合
#define ALPHA     0.1      // ステップ長調整パラメータ
#define BETA      1.5      // スケーリング指数
#define PI        3.141592 // 円周率
#define COEF_MIN  -1       // 標準偏回帰係数の最小値
#define COEF_MAX  1        // 標準偏回帰係数の最大値

// 0以上1以下の実数乱数
#define RAND_01 ((double)rand() / RAND_MAX)

// 標準正規分布に従う乱数
#define RAND_N (sqrt(-2.0 * log(RAND_01) * cos(2 * PI * RAND_01)))

// レヴィフライトのステップ長算出に使用する標準偏差
#define NUME  (tgamma(1 + BETA) * sin(PI * BETA / 2))
#define DENOM (tgamma((1 + BETA) / 2) * BETA * pow(2.0, (BETA - 1) / 2))
#define SIGMA pow(NUME / DENOM, 1 / BETA)

class Nest
{
public:
    Nest(NestSet *argNS);
    ~Nest();

    void replace(Nest *base);           // 卵を置換する
    void abandon();                     // 巣を放棄する

    NestSet *ns;                        // 属している巣集合
    double *egg;                        // 卵
    double value;                       // 評価値

private:
    double evaluate(double *argEgg);   // 評価値を算出する

    double *newEgg;                     // 新しい卵
```

```
};
```

メイン関数の定義に先立ち，NestSet.h をインクルードします．データセットのファイル名を引数で渡して NestSet クラスのオブジェクトを生成し，巣の世代交代を GEN_MAX 回繰り返して，最良卵を解として出力します．大まかな流れは人工蜂コロニーアルゴリズムの実装例であるリスト 4.4 と同様です．

リスト 8.3　メイン関数

```
#include "NestSet.h"

int main()
{
    int i;
    NestSet *ns;

    srand((unsigned int)time(NULL));

    ns = new NestSet("sampledata.csv");
    for(i = 1; i <= GEN_MAX; i++) {
        ns->alternate();
        printf("%d回目　最良評価値%f\n", i, ns->nest[0]->value);
    }
    ns->printResult();
    delete ns;

    return 0;
}
```

8.5.3　メンバ関数

NestSet クラスのコンストラクタでは，引数で受け取ったファイル名を Dataset クラスのコンストラクタに渡し，Dataset クラスのオブジェクトを生成します．また，巣集合の領域を確保し，初期の巣集合を生成してから，巣集合の巣を評価値の昇順に並び替えます．Nest クラスのオブジェクトを生成するときには，自分自身へのポインタを Nest クラスのコンストラクタに渡します．

alternate 関数ではまず，Nest クラスの replace 関数により卵の置換処理を施します．その後，Nest クラスの abandon 関数を用いて，指定された割合の悪い巣を新しい巣に置き換え，巣集合の巣を評価値の昇順に並び替えます．

NestSet.cpp の実装例を以下に記します．

NestSet.cpp

```
#include "NestSet.h"

// コンストラクタ
// fileName: データセットのファイル名
NestSet::NestSet(char *fileName)
{
   int i;

   dataset = new Dataset(fileName);
   nest = new Nest* [SET_SIZE];
   for(i = 0; i < SET_SIZE; i++) {
      nest[i] = new Nest(this);
   }
   sort(0, SET_SIZE - 1);
}

// デストラクタ
NestSet::~NestSet()
{
   int i;

   for(i = 0; i < SET_SIZE; i++) {
      delete nest[i];
   }
   delete [] nest;
   delete dataset;
}

// 世代交代をする
void NestSet::alternate()
{
   int i, r1, r2;

   // 新しい卵を生成する
   r1 = rand() % SET_SIZE;
   r2 = (r1 + (rand() % (SET_SIZE - 1) + 1)) % SET_SIZE;
   nest[r2]->replace(nest[r1]);

   // 悪い巣を放棄する
   for(i = (int)(SET_SIZE * (1 - ABA_RATE)); i < SET_SIZE; i++) {
      nest[i]->abandon();
   }

   // 巣を良い順に並べ替える
   sort(0, SET_SIZE - 1);
}

// nest[lb]～next[ub]をクイックソートで並び替える
```

```
// lb: 並び替えの対象要素の添え字の下限
// ub: 並び替えの対象要素の添え字の上限
void NestSet::sort(int lb, int ub)
{
    int i, j, k;
    double pivot;
    Nest *tmp;

    if(lb < ub) {
        k = (lb + ub) / 2;
        pivot = nest[k]->value;
        i = lb;
        j = ub;
        do {
            while(nest[i]->value < pivot) {
                i++;
            }
            while(nest[j]->value > pivot) {
                j--;
            }
            if(i <= j) {
                tmp = nest[i];
                nest[i] = nest[j];
                nest[j] = tmp;
                i++;
                j--;
            }
        } while(i <= j);
        sort(lb, j);
        sort(i, ub);
    }
}

// 結果を表示する
void NestSet::printResult()
{
    dataset->setCoef(nest[0]->egg);
    dataset->printEquation();
}
```

Nest クラスのコンストラクタでは，引数で受け取った NestSet クラスのオブジェクトへのポインタを ns に設定します．また，各変数の領域を確保し，卵を表す配列変数 egg を初期化します．replace 関数では，別の巣の卵からレヴィフライトにより卵を作り，元の卵より良ければ卵を置き替えます．abandon 関数では，ランダムに卵を作り変えます．evaluate 関数では，式 (8.9) に基づいて巣の評価値を求めます．コンストラクタでは初期の巣の卵，replace 関数では別の巣の卵をもとに作った卵，abandon 関数ではランダムに作り替えた卵を評価するので，評価対象の卵を表す配列変数を引数で渡し，求めた評価値を戻り値として返します．

Nest.cpp の実装例を以下に記します．

Nest.cpp

```
#include "Nest.h"

// コンストラクタ
// argNS: 属している巣の集合
Nest::Nest(NestSet *argNS)
{
   int i;

   ns = argNS;
   egg = new double [ns->dataset->exVarNum];
   newEgg = new double [ns->dataset->exVarNum];
   for(i = 0; i < ns->dataset->exVarNum; i++) {
      egg[i] = COEF_MIN + (COEF_MAX - COEF_MIN) * RAND_01;
   }
   value = evaluate(egg);
}

// デストラクタ
Nest::~Nest()
{
   delete [] egg;
   delete [] newEgg;
}

// 卵を置換する
// base: もとにする卵の巣
void Nest::replace(Nest *base)
{
   int i;
   double u, v, s, newValue;
   double *tmp;

   for(i = 0; i < ns->dataset->exVarNum; i++) {
      u = RAND_N * SIGMA;
      v = RAND_N;
      s = u / pow(fabs(v), 1 / BETA);
      newEgg[i] = base->egg[i] + ALPHA * s;
   }
   newValue = evaluate(newEgg);
   if(newValue < value) {
```

```
        tmp = egg;
        egg = newEgg;
        newEgg = tmp;
        value = newValue;
    }
}

// 巣を放棄する
void Nest::abandon()
{
    int i;

    for(i = 0; i < ns->dataset->exVarNum; i++) {
        egg[i] = COEF_MIN + (COEF_MAX - COEF_MIN) * RAND_01;
    }
    value = evaluate(egg);
}

// 評価値を算出する
// argEgg: 評価対象の卵
// 戻り値: 評価値
double Nest::evaluate(double *argEgg)
{
    int i, j;
    double diff;
    double retValue;

    retValue = 0.0;
    for(i = 0; i < ns->dataset->dataNum; i++) {
        diff = ns->dataset->resSData[i];
        for(j = 0; j < ns->dataset->exVarNum; j++) {
            diff -= argEgg[j] * ns->dataset->exSData[i][j];
        }
        retValue += pow(diff, 2.0);
    }
    return retValue;
}
```

第9章

ハーモニーサーチ

9.1 音楽家の即興演奏

あらかじめ決められた音を奏でるのではなく，楽曲を作りながら演奏する形態を**即興演奏**（inprovisati⊃n）といいます．何の決まりごともなく，まったく自由に演奏する場合もあれば，演奏時間や楽曲の構成に縛りを設けて演奏する場合もあります．音を鳴らすことが演奏だとすると，ペンなどを使って身の回りにあるものを思い通りのリズムで叩いていくという行為は，究極に自由な即興演奏といえるでしょう．しかし，即興演奏により生み出された楽曲がすべて良い曲とは限りません．

図 9.1　即興演奏

1 つの楽曲はフレーズ（phrase）と呼ばれる短い部分から構成されています．音楽家は使用頻度の高いフレーズを数多く覚えており，即興演奏をする際には，曲想やひらめきに応じて既知のフレーズを自在に組み合わせて演奏します．しかし，無計画にフレーズを並べるだけでは良い楽曲にはならないので，2 つのフレーズが自然につながるようにつなぎ目の音を調整したり，その場でひらめいた新しいフレーズを演奏したりすることもあります．

即興演奏によって良い楽曲を創り出すためには，良い楽曲に頻繁に使用されるフレーズを活用することが重要であると考えられます．自分が即興演奏で創り出した楽曲のうち，良いものを記憶して次の即興演奏に活用することで，自分の創造性も加味された良い楽曲が生成されるかもしれません．

9.2 解表現と基本アルゴリズム

ハーモニーサーチ（harmony search）は，Zong Woo Geem らが音楽家による即興演奏の過程をもとに考案した最適解探索アルゴリズムです．遺伝的アルゴリズムなどのように，複数の解候補を同時に変化させるのではなく，音楽家が即興演奏を繰り返して完璧な楽曲を模索していくように，良い解をじっくりと探索する点が特徴です．ハーモニーサーチのモデル化にあたり，即興演奏において音楽家が以下のいずれかの方法で次に演奏するフレーズを決めている点に着目します．

- 使用頻度の高い既知のフレーズをそのまま奏でる．
- 使用頻度の高い既知のフレーズを調整して奏でる．
- 新しいフレーズを作成して奏でる．

当然ながら，音楽家は経験を重ねるにつれ記憶しているフレーズも増加するでしょう．また，既知フレーズの選択や調整，新しいフレーズの生成などの際には，音楽理論や自己の創造性を取り入れたり，即興演奏の縛りを考慮したりすると考えられますが，ハーモニーサーチでは以下のように仮定します．

- 記憶している使用頻度の高いフレーズの数は一定とする．
- 音楽理論や即興演奏の縛りは考慮しない．

楽曲は複数のフレーズの列と考えられ，音楽家は即興演奏を通してより良いフレーズの列を模索しているといえますが，ハーモニーサーチでは問題に対する解を複数の和音の列として表現し，使用頻度の高い既知の和音列を活用してより良い和音列を探索していきます．この和音列を**ハーモニー**（harmony），記憶している和音列の集合を**ハーモニーメモリ**（harmony memory）と呼びます．遺伝的アルゴリズムにおける染色体がハーモニー，遺伝子が和音に相当します．

問題の解が N 個の値からなるとき，1 つのハーモニーは N 個の和音から構成されるとして，N 次元ベクトルで表します．ハーモニー H_i の和音が x_1^i，x_2^i，$\cdots$，x_N^i であるとき，ハーモニー $\overrightarrow{x_i}$ は式 (9.1) のようになります．

$$\overrightarrow{x_i} = \begin{pmatrix} x_1^i \\ x_2^i \\ \vdots \\ x_N^i \end{pmatrix} \tag{9.1}$$

ハーモニーメモリに含まれるハーモニーの数を M とすると，式 (9.2) に示す集合 X が解候補の集合となります．

$$X = \{\overrightarrow{x_1}, \overrightarrow{x_2}, \cdots, \overrightarrow{x_M}\} \tag{9.2}$$

基本アルゴリズムのフローチャートを図 9.2 に示します．最初に，決められた数のハーモニーをランダムに生成し，問題の解としての適切さに基づいて評価したうえで，初期のハーモニーメモリの要素とします．ハーモニーを構成する和音が指定された範囲内の実数である場合には，j 番目の要素 x_j^i として取り得る下限値を $xmin_j$，上限値を $xmax_j$ とすると，初期のハーモニーメモリを表す行列の各成分は式 (9.3) により求められます．

$$x_j^i = xmin_j + (xmax_j - xmin_j) \times rand[0,1] \tag{9.3}$$

ここで，$rand[0,1]$ は 0 以上 1 以下の実数乱数を生成する関数です．

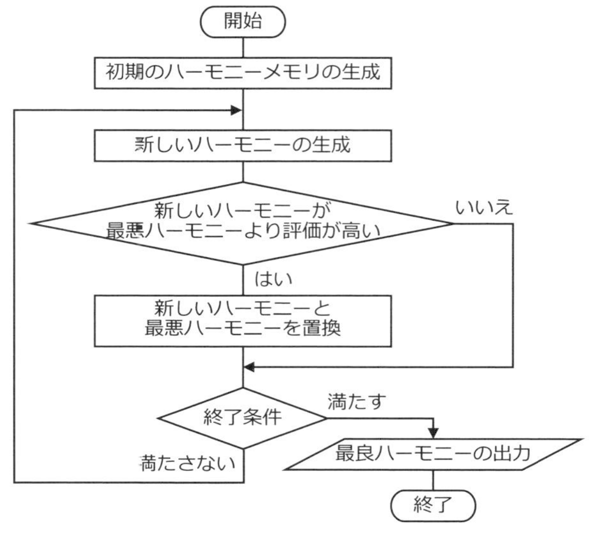

図 9.2　基本アルゴリズム

次に，新しいハーモニーを1つ生成し，評価します．ハーモニーメモリ内で最も評価の低いハーモニーよりも新しいハーモニーのほうが評価が高かったら，最も評価の低いハーモニーを削除し，新しいハーモニーをハーモニーメモリに追加します．終了条件が満たされるまで新しいハーモニーの生成とハーモニーメモリの更新を繰り返し，終了条件が満たされたときのハーモニーメモリ内で最も評価の高いハーモニーを解として出力します．終了条件としては，一定回数の繰返しを終える，目標とする評価値のハーモニーが得られる，ハーモニーの置換が一定期間発生しない，などを指定します．

9.3 ハーモニーの生成

新しいハーモニーを作るときには，音楽家の即興演奏におけるフレーズの決定方法を模倣して，下記のいずれかの方法で1つずつ和音を決定していきます．

1. ハーモニーメモリ内のハーモニーの和音を複製して使用する．
2. ハーモニーメモリ内のハーモニーの和音を変更して使用する．
3. 新しい和音を生成して使用する．

ここで，新しいハーモニー $\overrightarrow{x_*}$ を式 (9.4) で表される N 次元ベクトルとします．上記 1，2 の方法で，ハーモニーメモリから選択した r 番目のハーモニー $\overrightarrow{x_r}$ を使用するとき，新しいハーモニーの j 番目の成分 x_j^* はそれぞれ式 (9.5)，式 (9.6) により求められます．

$$\overrightarrow{x_*} = \begin{pmatrix} x_1^* \\ x_2^* \\ \vdots \\ x_N^* \end{pmatrix} \tag{9.4}$$

$$x_j^* = x_j^r \tag{9.5}$$

$$x_j^* = x_j^r + B \times rand[-1, 1] \tag{9.6}$$

$rand[-1, 1]$ は -1 以上 1 以下の実数乱数を生成する関数であり，B は選択されたハーモニーの和音の変更度合いを指定する定数で，バンド幅と呼ばれます．3

の方法で和音を決定するときには，式 (9.7) を用います．式 (9.3) と同じ方法です．

$$x_j^* = xmin_j + (xmax_j - xmin_j) \times rand[0,1] \tag{9.7}$$

新しいハーモニーの生成手順を図 9.3 に示します．1つの和音の値を決めるにあたって，まずハーモニーメモリ内の和音を使用するか否かを決めます．確率 R_a で 1，2 の方法により和音の値を決め，確率 $1 - R_a$ で 3 の方法により和音の値を決めることにします．

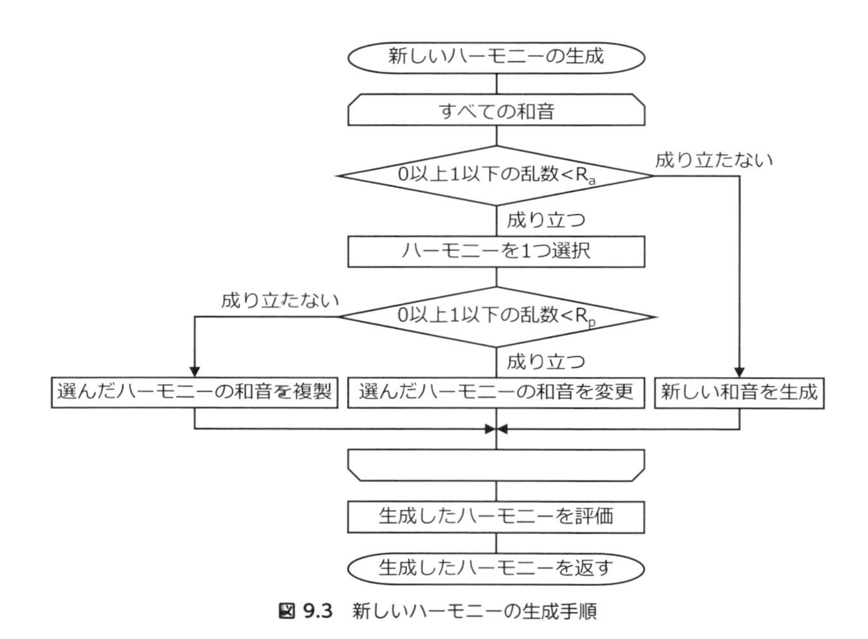

図 9.3　新しいハーモニーの生成手順

R_a はハーモニーメモリの選択比率であり，0 以上 1 以下の実数が設定されます．R_a が小さいと，新しいハーモニーにハーモニーメモリ内の良い和音がわずかしか取り入れられず，新しい和音が多く取り入れられるため，解の収束が遅くなる可能性があります．逆に R_a が大き過ぎると，ハーモニーメモリ内の和音ばかりが取り入れられることになり，良い解が得られるか否かはハーモニーメモリに大きく依存することになります．以上より，R_a には一般的に 0.7〜0.95 の値が設定されます．

1，2 の方法により和音の値を決めることになった場合には，ハーモニーメモリからハーモニーをランダムに 1 つ選択した後，確率 R_p で 2 の方法により和音の値を決め，確率 $1 - R_a$ で 1 の方法により和音の値を決めることにします．

R_p は値調整比率と呼ばれる値で，0 以上 1 以下の実数に設定します．R_p が小さいと，ハーモニーメモリから選択された和音をそのまま用いることが多くなり，解の探索範囲が制限されることで，解の収束が遅くなる可能性があります．一方，R_p が大きいとハーモニーメモリから選ばれた和音を調整することが多くなり，ランダム探索に近い探索となります．そのため，一般的に R_p の値は 0.1〜0.5 として，多様な解候補を生成し，局所解に陥る確率を低減します．

以上の手順で，1 つずつ和音の値を決めていきます．すべての和音の値が定まったら，ハーモニーを評価します．

9.4　プログラムの実装例

本節では，ハーモニーサーチにより重回帰式を導出するプログラムを C++ で実装する方法について解説します．他のアルゴリズムでの実装と同様に，与えられたデータを標準化して標準偏回帰係数を求め，標準偏回帰係数から偏回帰係数と定数項を求めることで元のデータの重回帰式を導出します．また，データセットを保持，操作するクラス `Dataset` のソースとしては，4.6 節で提示した `Dataset.h` と `Dataset.cpp` をそのまま使用します．

9.4.1　ハーモニーの和音列と評価関数

説明変数が N 個のとき，要素数が N 個の実数型配列 `chord` で和音列を表し，各要素は -1 以上 1 以下の実数の値を取ることにします．`chord[i]` が $i+1$ 番目の説明変数の偏回帰係数を表します．ハーモニー H の評価値 $value(H)$ を算出する評価関数を式 (9.8) により定義します．

$$value(H) = \sum_{i=0}^{D-1} \left(resSData[i] - \sum_{j=0}^{N-1} chord[j] \times exSData[i][j] \right)^2 \tag{9.8}$$

ここで，D はデータ数，$exSData$ は標準化したデータの説明変数が格納されている 2 次元配列，$resSData$ は標準化したデータの目的変数が格納されている 1 次元配列です．

9.4.2　クラスとメイン関数

オブジェクト指向によるハーモニーサーチの実装のために必要なクラスは，ハーモニーメモリのクラスとハーモニーのクラスです．前者をHarmonyMemoryクラス，後者をHarmonyクラスとしたときの各クラスのヘッダファイルをリスト9.1，リスト9.2に示します．また，メイン関数はリスト9.3のようになります．4.6節における人工蜂コロニーアルゴリズムのFlowerSetクラスがHarmonyMemoryクラス，FlowerクラスがHarmonyクラスに相当するので，リスト4.1，リスト4.2，リスト4.4と比較してみましょう．

リスト9.1　HarmonyMemoryクラスのヘッダファイル

```
#include "Harmony.h"
class Harmony;

class HarmonyMemory
{
public:
    HarmonyMemory(char *fileName);
    ~HarmonyMemory();
    void update();          // ハーモニーメモリを更新する
    void printResult()      // 結果を表示する

    Dataset *dataset;       // データセット
    Harmony **harmony;      // 現在のハーモニーの集合のメンバ
    int best;               // 最良ハーモニーの添え字

private:
    Harmony *newHarmony;    // 新しいハーモニー
    int worst;              // 最悪ハーモニーの添え字
};
```

現在のハーモニーの集合のメンバはHarmonyクラスのオブジェクトへのポインタを要素とする配列変数harmonyで参照できるようにします．Harmonyクラスのオブジェクトでは，HarmonyMemoryクラスのオブジェクトへのポインタhmにより，自身が属しているハーモニーメモリを参照しています．HarmonyMemoryクラスとHarmonyクラスは互いに参照しているので，ヘッダファイルで前方宣言をしています．

HarmonyMemoryクラスのメンバ変数には，harmonyの他に，データセットを参照するポインタdataset，最良ハーモニーと最悪ハーモニーの添え字を保持するためのbestとworstがあります．また，新しいハーモニーを生成するたびにオブジェクトを生成すると処理に時間がかかるので，HarmonyMemory クラスのオブジェクトを作ると同時に新しいハーモニー用の領域を確保し，変数 newHarmony で参照して，新しいハーモニーを格納する場所として活用します．Harmony クラスには，hm の他に，和音列を表す chord，評価値を表す value というメンバ変数があります．

リスト 9.2 Harmony クラスのヘッダファイル

```
#include "Dataset.h"
#include "HarmonyMemory.h"
class HarmonyMemory;

// 定数の定義
#define REPEAT_NUM 1000 // 繰返し数
#define HM_SIZE    100  // ハーモニーメモリのサイズ
#define R_A        0.8  // 選択比率
#define R_P        0.3  // 値調整比率
#define BANDWIDTH  0.1  // バンド幅
#define COEF_MIN   -1   // 標準偏回帰係数の最小値
#define COEF_MAX   1    // 標準偏回帰係数の最大値

// 0以上1以下の実数乱数
#define RAND_01 ((double)rand() / RAND_MAX)

class Harmony
{
public:
   Harmony(HarmonyMemory *argHM);
   ~Harmony();

   void renew();          // 新しいハーモニーに変更する

   HarmonyMemory *hm; // 属しているハーモニーメモリ
   double *chord;         // 和音列
   double value;          // 評価値

private:
   void evaluate();       // 評価値を算出する
};
```

メイン関数の定義に先立ち，HarmonyMemory.h をインクルードします．データセットのファイル名を引数で渡して HarmonyMemory クラスのオブジェクトを生成し，ハーモニーメモリの更新を REPEAT_NUM 回繰り返して，最良ハーモニーを解として出力します．大まかな流れは人工蜂コロニーアルゴリズムの実装例であるリスト 4.4 と同様です．

リスト 9.3　メイン関数

```
#include "HarmonyMemory.h"

int main()
{
    int i;
    HarmonyMemory *hm;

    srand((unsigned int)time(NULL));

    hm = new HarmonyMemory("sampledata.csv");
    for(i = 1; i <= REPEAT_NUM; i++) {
        hm->update();
        printf("%d回目：最良評価値%f\n", i, hm->harmony[hm->best]->value);
    }
    hm->printResult();
    delete hm;

    return 0;
}
```

9.4.3　メンバ関数

HarmonyMemory クラスのコンストラクタでは，引数で受け取ったファイル名を Dataset クラスのコンストラクタに渡し，Dataset クラスのオブジェクトを生成します．また，各変数の領域を確保し，自分自身へのポインタを Harmony クラスのコンストラクタに渡して Harmony クラスのオブジェクトを生成して，初期のハーモニーメモリを作ります．ハーモニーサーチでは最良ハーモニーだけでなく最悪ハーモニーも使用するため，HarmonyMemory クラスのコンストラクタでハーモニーメモリを生成したときに，最良ハーモニーと最悪ハーモニーの添え字をそれぞれ best と worst に設定します．

HarmonyMemory クラスの主要な処理は，ハーモニーメモリを更新する update 関数です．Harmony クラスの renew 関数により新しいハーモニーを生成し，最悪ハーモニーより良かったら置換します．このとき，最良ハーモニーと最悪ハーモニーの添え字も更新します．

HarmonyMemory.cpp の実装例を以下に記します．

HarmonyMemory.cpp

```
#include "HarmonyMemory.h"

// コンストラクタ
// fileName: データセットのファイル名
HarmonyMemory::HarmonyMemory(char *fileName)
{
   int i;

   dataset = new Dataset(fileName);
   harmony = new Harmony* [HM_SIZE];
   best = 0;
   worst = 0;
   for(i = 0; i < HM_SIZE; i++) {
      harmony[i] = new Harmony(this);
      if(harmony[best]->value > harmony[i]->value) {
         best = i;
      }
      if(harmony[worst]->value < harmony[i]->value) {
         worst = i;
      }
   }
   newHarmony = new Harmony(this);
}

// デストラクタ
HarmonyMemory::~HarmonyMemory()
{
   int i;

   for(i = 0; i < HM_SIZE; i++) {
      delete harmony[i];
   }
   delete [] harmony;
   delete newHarmony;
   delete dataset;
}

// ハーモニーメモリを更新する
void HarmonyMemory::update()
{
   int i;
   Harmony *tmp;

   newHarmony->renew();
   if(harmony[worst]->value > newHarmony->value) {
      // ハーモニーを交換する
      tmp = newHarmony;
      newHarmony = harmony[worst];
```

```
		harmony[worst] = tmp;

		// 最良ハーモニーの添え字を更新する
		if(harmony[best]->value > harmony[worst]->value) {
			best = worst;
		}

		// 最悪ハーモニーの添え字を更新する
		worst = 0;
		for(i = 1; i < HM_SIZE; i++) {
			if(harmony[worst]->value < harmony[i]->value) {
				worst = i;
			}
		}
	}
}

// 結果を表示する
void HarmonyMemory::printResult()
{
	dataset->setCoef(harmony[best]->chord);
	dataset->printEquation();
}
```

Harmony クラスのコンストラクタでは，引数で受け取った HarmonyMemory クラスのオブジェクトへのポインタを hm に設定します．また，各変数の領域を確保し，和音列を表す配列変数 chord を初期化します．evaluate 関数では，式 (9.8) に基づいてハーモニーの評価値を求めます．コンストラクタと renew 関数では，和音列を変更した後で evaluate 関数を呼び出して評価値を算出します．Harmony クラスの主要な処理は，新しいハーモニーを作る renew 関数です．図 9.3 の手順を実装しています．

Harmony.cpp の実装例を以下に記します．

Harmony.cpp

```
#include "Harmony.h"

// コンストラクタ
// argHM: 属しているハーモニーメモリ
Harmony::Harmony(HarmonyMemory *argHM)
{
	int i;

	hm = argHM;
```

```
    chord = new double [hm->dataset->exVarNum];
    for(i = 0; i < hm->dataset->exVarNum; i++) {
        chord[i] = COEF_MIN + (COEF_MAX - COEF_MIN) * RAND_01;
    }
    evaluate();
}

// デストラクタ
Harmony::~Harmony()
{
    delete [] chord;
}

// 新しいハーモニーに変更する
void Harmony::renew()
{
    int i, r;

    for(i = 0; i < hm->dataset->exVarNum; i++) {
        if(RAND_01 < R_A) {
            r = rand() % HM_SIZE;
            if(RAND_01 < R_P) {
                chord[i] = hm->harmony[r]->chord[i]
                            + BANDWIDTH * (rand() / (RAND_MAX / 2.0) - 1);
            } else {
                chord[i] = hm->harmony[r]->chord[i];
            }
        } else {
            chord[i] = COEF_MIN + (COEF_MAX - COEF_MIN) * RAND_01;
        }
    }
    evaluate();
}

// 評価値を算出する
void Harmony::evaluate()
{
    int i, j;
    double diff;

    value = 0.0;
    for(i = 0; i < hm->dataset->dataNum; i++) {
        diff = hm->dataset->resSData[i];
        for(j = 0; j < hm->dataset->exVarNum; j++) {
            diff -= chord[j] * hm->dataset->exSData[i][j];
        }
        value += pow(diff, 2.0);
    }
}
```

参考文献

1) D. E. Goldberg, "Genetic Algorithms in Search, Optimization, and Machine Learning," Addison-Wesley, 1989.
2) D. Karaboga, "An Idea Based on Honey Bee Swarm for Numerical Optimization," Technical Report TR06, Erciyes University, Turkey, 2005.
3) D. Karaboga, B.Basturk, "On the Performance of Artificial Bee Colony (ABC) Algorithm," Applied Soft Computing, Vol.8, Issue 1, pp.687–697, 2008.
4) J. H. Holland, "Adaptation in Natural and Artificial Systems," University of Michigan Press, 1975.
5) M. Dorigo, T. St ü tzle, "Ant Colony Oprimization," MIT Press, 2004.
6) J. Kennedy, R. C. Eberhart, "Particle Swarm Optimization," Proceedings of the 1995 IEEE International Conference on Neural Networks, Vol.4, pp.1942–1948, 1995.
7) Z. W. Geem, J. H. Kim, G. V. Loganathan, "A New Heuristic Optimization Algorithm: Harmony Search," Simulation, Vol.76, pp.60–68, 2001.
8) X. S. Yang, "Firefly Algorithms for Multimodal Optimization," Stochastic Algorithms: Foundations and Applications, Lecture Notes in Computer Science, Vol.5792, pp.169–178, 2009.
9) X. S. Yang, "A New Metaheuristic Bat-Inspired Algorithm," Nature Inspired Cooperative Strategies for Optimization (NICSO 2010), Studies in Computational Intelligence, Vol.284, pp.65–74, 2010.
10) X. S. Yang, S. Deb, "Engineering Optimisation by Cuckoo Search," International Journal of Mathematical Modelling and Numerical Optimisation, Vol.1, No.4, pp.330–343, 2010.
11) X. S. Yang, "Nature-Inspired Metaheuristic Algorithms: Second Edition," Luniver Press, 2010.

索　引

■ は行

■ ま行

■ や行

■ ら行

〈著者略歴〉

大 谷 紀 子（おおたに　のりこ）

博士（情報理工学）

1993 年	東京工業大学工学部情報工学科卒業
1995 年	東京工業大学大学院理工学研究科情報工学専攻修士課程修了
同　年	キヤノン株式会社
1999 年	有限会社西沢塾
2000 年	東京理科大学理工学部経営工学科助手
2002 年	武蔵工業大学環境情報学部情報メディア学科講師
2007 年	武蔵工業大学環境情報学部情報メディア学科准教授
2009 年	東京都市大学環境情報学部情報メディア学科准教授（校名変更）
2013 年	東京都市大学メディア情報学部情報システム学科准教授
2014 年～	東京都市大学メディア情報学部情報システム学科教授

〈主な著書〉

『アルゴリズム入門』大谷紀子・志村正道 共著，コロナ社，2004

『アルゴリズム入門（改訂版）』大谷紀子・志村正道 共著，コロナ社，2013

進化計算アルゴリズム入門
—生物の行動科学から導く最適解—

平成 30 年 6 月 25 日　　第 1 版第 1 刷発行

著　者　大 谷 紀 子
発行者　村 上 和 夫
発行所　株式会社 オーム社
郵便番号　101-8460
東京都千代田区神田錦町 3-1
電話　03(3233)0641(代表)
URL　http://www.ohmsha.co.jp/

組版　Green Cherry　　印刷・製本　壮光舎印刷
ISBN978-4-274-22238-2　Printed in Japan